农作物病虫害识别与绿色防控丛书

大豆病虫害识别与绿色防控图谱

李巧芝　柴俊霞　主编

河南科学技术出版社

·郑州·

内容提要

本书共精选对大豆产量和品质影响较大的53种主要病虫害田间识别与绿色防控技术原色图片等约450张，重点突出病害田间发展和虫害不同时期的症状识别特征，详细介绍了每种病虫害的分布区域、形态（症状）特点、发生规律及绿色防控技术，并介绍了田间常用的植保机械地面机、无人机性能特点、主要技术参数及使用注意事项，提出了大豆主要病虫害绿色防控技术模式。本书内容丰富，图片清晰，图文并茂，文字浅显易懂，技术先进实用，适合广大农业（植保）技术推广人员、农业院校师生、各类农业社会化服务组织人员、种植大户以及农资生产销售人员阅读使用。

图书在版编目（CIP）数据

大豆病虫害识别与绿色防控图谱 / 李巧芝，柴俊霞主编. —郑州：河南科学技术出版社，2021.8

（农作物病虫害识别与绿色防控丛书）

ISBN 978-7-5725-0450-1

Ⅰ.①大…　Ⅱ.①李…②柴…　Ⅲ.①大豆-病虫害防治-无污染技术-图谱　Ⅳ.①S435.651-64

中国版本图书馆CIP数据核字（2021）第142632号

出版发行：河南科学技术出版社
　　　　　地址：郑州市郑东新区祥盛街27号　　邮编：450016
　　　　　电话：（0371）65737028　65788613
　　　　　网址：www.hnstp.cn
策划编辑：陈淑芹　杨秀芳
责任编辑：杨秀芳
责任校对：翟慧丽
装帧设计：张德琛
责任印制：张艳芳
印　　刷：河南瑞之光印刷股份有限公司
经　　销：全国新华书店
开　　本：890 mm×1 240 mm　1/32　印张：8.25　字数：270千字
版　　次：2021年8月第1版　　2021年8月第1次印刷
定　　价：49.00元

总编辑　吕国强

吕国强，男，大学本科学历，现任河南省植保植检站党支部书记、二级研究员，兼河南农业大学硕士研究生导师、河南省植物病理学会副理事长。长期从事植保科研与推广工作，在农作物病虫害预测预报与防治技术研究领域有较高造诣和丰富经验，先后主持及参加完成 30 多项省部级重点植保科研项目，获国家科技进步二等奖 1 项（第三名）、省部级科技成果一等奖 5 项（其中 2 项为第一完成人）、二等奖 7 项（其中 2 项为第一完成人）、三等奖 9 项。主编出版专著 26 部，其中《河南蝗虫灾害史》《河南农业病虫原色图谱》被评为河南省自然科学优秀学术著作一等奖；作为独著或第一作者，在《华北农学报》《植物保护》《中国植保导刊》等中文核心期刊发表学术论文 60 余篇；先后 18 次受到省部级以上荣誉表彰。为享受国务院政府特殊津贴专家、河南省优秀专家、河南省学术技术带头人，全国粮食生产突出贡献农业科技人员、河南省粮食生产先进工作者、河南省杰出专业技术人才，享受省（部）级劳动模范待遇。

本书主编　李巧芝

李巧芝，女，中共党员，硕士研究生学历，现任洛阳市植保植检站党支部书记、农技推广研究员，兼河南省植物病理学会常务理事。长期从事农作物病虫害测报和防治技术研究推广工作，获省部级科技成果奖 10 余项，其中"稻麦玉米三大粮食作物有害生物种类普查、发生危害特点研究与应用"获 2014—2016 年度全国农牧渔业丰收奖一等奖；主编（或副主编）专著 10 部，其中《河南农业病虫原色图谱》被评为河南省自然科学优秀学术著作一等奖；在国家级、省级刊物发表论文 30 多篇。为洛阳市优秀专家、洛阳市劳动模范和巾帼建功标兵。

本书主编　柴俊霞

柴俊霞，女，硕士研究生学历，现任洛阳市植保植检站副站长、农技推广研究员。1997 年以来，一直从事农作物病虫害监测防控、植保新技术示范推广等工作，获部省、市级科技成果奖 7 项，其中"水稻病虫害绿色防控技术集成示范与推广"获河南省农牧渔业丰收奖一等奖；参加编著《大豆病虫害原色图谱》《河南农业病虫原色图谱》等科技著作 10 余部；作为第一作者，在国家级、省级刊物发表论文 21 篇，编写河南省地方标准 3 项。曾获"洛阳市优秀巾帼志愿者"等荣誉称号。

总　序

　　我国是世界上农业生物灾害发生最严重的国家之一，常年发生的农作物病、虫、鼠、草害多达 1 700 种，其中可造成严重损失的有 100 多种，有 53 种属于全球 100 种最具危害性的有害生物。许多重大病虫一旦暴发成灾，不仅危害农业生产，而且影响食品安全、人身健康、生态环境、产品贸易、经济发展乃至公共安全。小麦条锈病、马铃薯晚疫病的跨区流行和东亚飞蝗、稻飞虱、稻纵卷叶螟、棉铃虫的暴发危害都曾给农业生产带来过毁灭性的损失；小麦赤霉病和玉米穗腐病不仅影响粮食产量，其病原菌产生的毒素还可导致人畜中毒和致癌、致畸。2019 年联合国粮农组织全球预警的重大农业害虫——草地贪夜蛾入侵我国，当年该虫害波及范围就达 26 个省（市、自治区）的 1 540 个县（市、区），对国家粮食安全构成极大威胁。专家预测，未来相当长时期内，农作物病虫害发生将呈持续加重态势，监测防控任务会更加繁重。

　　长期以来，我国控制农业病虫害的主要手段是采取化学防治措施，化学农药在快速有效控制重大病虫危害、确保农业增产增收方面发挥了重要作用，但长期大量不合理地使用化学农药，会导致环境污染、作物药害、生态环境破坏等不良后果，同时通过食物链的富集作用，造成农畜产品农药残留，进而威胁人类健康。

　　随着国内农业生产中农药污染事件的频繁发生和农产品质量安全问题的日益凸显，兼顾资源节约和环境友好的绿色防控技术应运而生。2006 年以来，我国提出了"公共植保、绿色植保"新理念，开启了农作物病虫害绿色防控的新征程。2011 年，农业部印发《关于推进农作物病虫害绿色防控的意见》，随后将绿色防控作为推进现代植保体系建设、实施农药和化肥"双减行动"的重要内容。党的十八届五中全会提出了绿色发展新理念，2017 年，中共中央办公厅、国务院办公厅印发《关于创新体制机制推进农业绿色发展的意见》，提出要强化病虫害全程绿色防控，有力推动绿色防控技术的应用。2019 年，农业农村部、国家发展改革委、科技部、财政部等七部（委、局）联合印发《国家质量兴农战略规划（2018—2022年）》，提出实施绿色防控替代化学防治行动，建设绿色防控示范县，推动整县推进绿色防控工作。在新发展理念和一系列政策的推动下，各级植保部门积极开拓创新，加大研发力度，初步集成了不同生态区域、不同作物为主线的多个绿色防控技术模式，其示范和推广面积也不断扩大，到2020年底，我国主要农作物病虫害绿色防控应用面积超过8亿亩，绿色防控覆盖率达到40%以上，为促进农业绿色高质量发展发挥了重要作用。但尽管如此，从整体来讲，目前我国绿色防控主要依靠项目推动、以示范展示为主的状况尚未根本改变，无论从干部群众的认知程度、还是实际应用规模和效果均与农业绿色发展的迫切需求有较大差距。

为了更好地宣传绿色防控理念，扩大从业人员绿色防控视野，传播绿色防控相关技术和知识，助力推进农业绿色化、优质化、特色化、品牌化，我们组织有关专家编写了这套"农作物病虫害识别与绿色防控"丛书。

本套丛书共有小麦、玉米、水稻、花生、大豆5个分册，每个分册重点介绍对其产量和品质影响较大的病虫害40~60种，除精选每种病虫害各个时期田间识别特征图片，详细介绍其分布区域、形态（症状）特点、发生规律外，重点丰富了绿色防控技术的有关内容以及配图；提出了该作物主要病虫害绿色防控技术模式。同时，还介绍了田间常用高效植保器械的性能特点、主要技术参数及使用注意事项。内容全面，图文并茂，文字浅显易懂，技术先进实用。适合广大农业（植保）技术推广人员、农业院校师生、各类农业社会化服务组织人员、种植大户以及农资生产销售人员阅读使用。

各分册主创人员均为省内知名专家，有较强的学术造诣和丰富的实践经验。河南省植保推广系统广大科技人员通力合作，为编委会收集提供了大量基础数据和图片资料，在此一并致谢！

希望这套图书的出版对于推动我省乃至我国农业绿色高质量发展能够起到积极作用。

河南省植保植检站　二级研究员

河南省植物病理学会 副理事长　吕国强

享受国务院政府 特殊津贴专家

2020年11月

前　言

　　大豆起源于中国，在中国栽培并用作食物及药物已有5 000多年的历史，是豆科植物中最富有营养又易于消化的食物，是蛋白质最丰富、最廉价的来源。大豆生产上发生的病虫害种类较多，是限制大豆产量提高和品质提升的重要因素之一，常年发生的病虫害多达100多种，其中可造成严重损失的有20余种，如根腐病、病毒病、褐斑病、霜霉病，食心虫、豆荚螟、豆叶东潜蝇等。有些重大病虫害一旦暴发成灾，不仅危害农业生产，而且影响食品安全、人体健康、生态环境、产品贸易、经济发展乃至公共安全。如大豆疫病是大豆生产的毁灭性病害，广泛分布于十多个国家，每年使全球大豆业损失约10亿美元，在感病品种上造成25%～50%的损失，个别高感品种可导致绝收，被害种子的蛋白质含量明显降低，已构成影响大豆国际贸易的重要因子，我国将其列为口岸检疫性一类有害生物。为此，科学监测、诊断大豆病虫害发生与为害情况，及时采取有效的绿色防控措施，是保护大豆安全生产、确保人与自然和谐发展的重要基础性工作。

　　本书在总结、借鉴前人在生产实践中探索出的科学防治大豆病虫害的技术与方法的基础上，共精选对大豆产量和品质影响较大的53种主要病虫害田间识别与绿色防控技术原色图片约450张，突出病害田间发展和虫害不同时期的症状识别特征，详细介绍了每种病虫的分布区域、形态（症状）特点、发生规律及绿色防控技术，力求做到内容丰富、图片清晰、图文并茂、科学实用，既适合各级农业技术人员和广大农民群众阅读，也可供从事植物保护科研、教学工作的人员参考。

　　本书在编写过程中参考了大量的文献和资料，得到了有关部门、领导和基层技术人员的大力支持，在此致以衷心的感谢！

　　由于资料和编者水平所限，书中所展示的病虫害种类与生产实际尚有一定差距，图片、文字资料可能有不足之处，敬请专家、广大读者和同行批评指正。

编者

2020年11月

目录

第一部分　农作物病虫害绿色防控概述

（一）绿色防控技术的形成与发展

农作物病虫害的发生为害是影响农业生产的重要制约因素，使用化学农药防治病虫害在传统防治中曾占有重要地位，对确保农业增产增收起到了重要作用。2012～2014 年农药年均使用量约 31.1 万 t，比2009～2011 年增长 9.2%，单位面积农药使用量约为世界平均水平的 2.5倍，虽然在 2016 年以来农药使用量趋于下降，但总量依然很大。长期大量不合理使用化学农药，会引起环境污染、作物药害，破坏生态平衡，同时通过食物链的富集作用，会造成农产品及人畜农药残留，威胁人类健康。

随着国内农业生产中农药污染事件的频繁发生和农产品质量安全问题的日益凸显，兼顾资源节约和环境友好的绿色防控技术应运而生，并越来越多地应用于现代植保工作中。2015 年农业部（现农业农村部）发布《到 2020 年农药使用量零增长行动方案》，提出依靠科技进步，加快转变病虫害防控方式，强化农业绿色发展，推进农药减量控害，重点采取绿色防控措施，控制病虫发生为害，到 2020 年，力争实现农药使用总量零增长。"十三五"规划提出"实施藏粮于地、藏粮于技"战略，推进病虫害绿色防控。2019 年中央 1 号文件提出"实现化肥农药使用量负增长"，进一步强化了通过绿色防治持续控制病虫害的指导思想。

绿色防控技术以生态调控为基础，通过综合使用各项绿色植保措施，包括农业、生态、生物、物理、化学等防控技术，达到有效、经济、安全地防控农作物病虫害，从而减少化学农药用量，保护生态环境，保证农产品无污染，实现农业可持续发展。对农作物病虫害实施绿色防控，是推进"高产、优质、高效、生态、安全"的现代农业建设，转变农业增长方式，提高我国农产品国际竞争力，促进农民收入持续增长的必然要求。

自 2006 年全国植保工作会议提出"公共植保、绿色植保"的理念以来，我国植保工作者积极开拓创新，大力开发农作物病虫害绿色防控技术，建立了一套较为完善的技术体系，并在农业生产中形成了以不同生态区域、不同作物为主线的技术模式。绿色防控技术推广应用范围不断扩大，涉及水稻、小麦、玉米、马铃薯、棉花、大豆、花生、蔬菜、果树、茶树等主要农作物。截至 2016 年，全国农作物病虫害绿色防控覆盖率达到 25.2%，为减少化学农药的使用量、降低农产品的农药残留、保护生态环境做出了积极贡献。但是总的来说，我国的绿色防控技术还处于示范推广阶段，尚未全面实施，绿色防控技术实施的推进速度与农产品质量安全和生态环境安全的迫切需求还有较大差距。

（二）绿色防控的定义

农作物病虫害绿色防控，是指以确保农业生产、农产品质量和农业生态环境安全为目标，以减少化学农药使用量为目的，优先采取农业措施、生态调控、理化诱控、生物防治和科学用药等环境友好、生态兼容型技术和方法，将农作物病虫害等有害生物为害损失控制在允许水平的植保行为。

绿色防控是在生态学理论指导下的农业有害生物综合防治技术的概括，是对有害生物综合治理和我国植保方针的深化和发展。推进农作物病虫害绿色防控，是贯彻绿色植保理念，促进质量兴农、绿色兴农、品牌强农的关键措施。

（三）绿色防控的功能

对农作物病虫害开展绿色防控，通过采取环境友好型技术措施控制病虫为害，能够最大限度地降低现代病虫害防治技术的间接成本，达到生态效益和社会效益的最佳效果。

绿色防控是避免农药残留超标、保障农产品质量安全的重要途径。通过推广农业、物理、生态和生物防治技术，特别是集成应用抗病虫良种和趋利避害栽培技术，以及物理阻断、理化诱杀等非化学防治的农作物病虫害绿色防控技术，有助于减少化学农药的使用量，降低农产品农药残留超标风险，控制农业面源污染，保护农业生态环境安全。

绿色防控是控制重大病虫为害、保障主要农产品供给的迫切需要。

农作物病虫害绿色防控是适应农村经济发展新形势、新变化和发展现代农业的新要求而产生的，大力推进农作物病虫害绿色防控，有助于提高病虫害防控的装备水平和科技含量，有助于进一步明确主攻对象和关键防治技术，提高防治效果，把病虫为害损失控制在较低水平。

绿色防控是降低农产品生产成本、提升种植效益的重要措施。防治农作物病虫害单纯依赖化学农药，不仅防治次数多、成本高，而且还会造成病虫害抗药性增强，进一步加大农药使用量。大规模推广农作物病虫害绿色防控技术，可显著减少化学农药使用量，提高种植效益，促进农民增收。

（四）实施绿色防控的意义

党的十九大提出了绿色发展和乡村振兴战略。推广绿色农业是绿色发展理念和生态文明建设战略等国家顶层设计在农业上的具体实践，有利于推进农业供给侧结构性改革，是适应居民消费质量升级的大趋势，对缓解我国农业发展面临的资源与环境约束以及满足社会高品质农产品需求具有重要现实意义。

实施农作物病虫害绿色防控，是贯彻"预防为主、综合防治"的植保方针和"公共植保、绿色植保"的植保理念的具体行动，是提高病虫防治效益、确保农业增效、农作物增产、农民增收的技术保障，是保障农业生产安全、农产品质量安全、农业生态环境安全的有效途径，是实现绿色农业生产、推进现代农业科技进步和生态文明建设的重大举措，是维护生态平衡、保证人畜健康、促进人与自然和谐发展的重要手段。

（五）绿色防控技术原则

树立"科学植保、公共植保、绿色植保"理念，贯彻"预防为主、综合防治"的植保方针，依靠科技进步，以农业防治为基础，生物防治、物理防治、化学防治和生态调控措施相结合，借助先进植保机械和科学用药、精准施药技术，通过开展植保专业化统防统治的方式，科学有效地控制农作物病虫为害，保障农业生产安全、农产品质量安全和农业生态环境安全。

（六）绿色防控的基本策略

绿色防控以生态学原理为基础，把有害生物作为其所在生态系统的一个组成部分来研究和控制。强调各种防治方法的有机协调，尤其是强调最大限度地利用自然调控因素，尽量减少使用化学农药。强调对有害生物的数量进行调控，不强调彻底消灭，注重生态平衡。

1. 强调农业栽培措施　从土壤、肥料、水、品种和栽培措施等方面入手，培育健康作物。培育健康的土壤生态，良好的土壤生态是农作物健康生长的基础。采用抗性或耐性品种，抵抗病虫害侵染。采用适当的肥料、水以及间作、套种等科学栽培措施，创造不利于病虫生长和发育的条件，从而抑制病虫害的发生与为害。

2. 强调病虫害预防　从生态学入手，改造病菌的滋生地和害虫的虫源地，破坏病虫害的生态循环，减少菌源或虫源量，从而减轻病虫害的发生或流行。根据病害的循环周期以及害虫的生活史，采取物理、生态或化学调控措施，破坏病虫繁殖的关键环节，从而抑制病虫害的发生。

3. 强调发挥农田生态服务功能　发挥农田生态系统的服务功能，其核心是充分保护和利用生物多样性，降低病虫害的发生程度。既要重视土壤和田间的生物多样性保护和利用，同时也要注重田边地头的生物多样性保护和利用。生物多样性的保护与利用不仅可以抑制田间病虫暴发成灾，而且可以在一定程度上抵御外来病虫害的入侵。

4. 强调生物防治的作用　绿色防控注重生物防治技术的采用与发挥生物防治的作用。通过农田生态系统设计和农艺措施的调整来保护与利用自然天敌，从而将病虫害控制在经济损失允许水平以内。也可以通过人工增殖和引进释放天敌，使用生物制剂来防治病虫害。

5. 强调科学用药技术　绿色防控注重采用生态友好型措施，但没有拒绝利用农药开展化学防治，强调科学合理使用农药。通过优先选用生物农药和环境友好型化学农药，采取对症下药、适时用药、精准施药、交替轮换、科学混配等技术，遵守农药安全使用间隔期，推广高效植保机械，开展植保专业化统防统治，最大限度降低农药使用造成的负面影响。

（七）绿色防控的指导思想

1. 加强生态系统的整体观念　农田众多的生物因子和非生物因子等构成一个生态系统，在该生态系统中，各个组成部分是相互依存、相互制约的。任何一个组成部分的变动，都会直接或间接地影响整个生态系统，从而改变病虫害种群的消长，甚至病虫害种类的组成。农作物病虫害等有害生物是农田生态系统中的一个组成部分，防治有害生物必须全面考虑整个生态系统，充分保护和利用农田生态系统的生物多样性。在实施病虫害防治时，涉及的是一个区域内的生物与非生物因子的合理镶嵌和多样化问题，不仅要考虑主要防控对象的发生动态规律和防治关键技术，还要考虑全局，将视野扩大到区域层次或更高层次。

绿色防控针对农业生态系统中所有有害生物，将农作物视为一个能将太阳的能量转化为可收获产品的系统。强调在有害生物发生前的预先处理和防控，通过所有适当的管理技术，如增加自然天敌、种植抗病虫作物、采用耕种管理措施、正确使用农药等限制有害生物的发生，创造有利于农作物生长发育，有利于发挥天敌等有益生物的控制作用，而不利于有害生物发展蔓延的生态环境。注重生态效益和社会效益的有机统一，实现农业生产的可持续发展。

2. 充分发挥自然控制因素的作用　自然控制因素包括生物因子和非生物自然因子。多年来，单纯依靠大量施用化学农药防治病虫害，所带来的害虫和病原菌抗药性增强、生态平衡破坏和环境污染等问题日益严峻。因此，在防治病虫害时，不仅需要考虑防治对象和被保护对象，还需要考虑对环境的保护和资源的再利用。要充分考虑整个生态体系中各物种间的相互关系，利用自然控制作用，减少化学药剂的使用，降低防治成本。当田间寄主或猎物较多时，天敌因生存条件比较充足，就会大量繁殖，种群数量急剧增加，寄主或猎物的种群又因为天敌的控制而逐渐减少，随后，天敌种群数量也会因为食物减少、营养不良而下降。这种相互制约，使生态系统可以自我调节，从而使整个生态系统维持相对稳定。保护和利用有益生物控制病虫害，就是要保持生态平衡，使病虫害得到有效控制。田间常见的有益生物如捕食性、寄生性天敌和微生物等，在一定条件下，可有效地将病虫控制在经济损失允许水平以下。

3. 协调应用各种防治方法　对病虫害的防治方法多种多样，协调应用就是要使其相辅相成。任何一种防治方法都存在一定的优缺点，在通常情况下，使用单一措施不可能长期有效地控制病虫害，需要通过各种防治方法的综合应用，更好地实现病虫害防治目标。但多种防治方法的应用不是单种防治方法的简单相加，也不是越多越好，如果机械叠加会产生矛盾，往往不能达到防治目的，而是要依据具体的目标生态系统，从整体出发，有针对性地选择运用和系统地安排农业、生物、物理、化学等必要的防治措施，从而达到辩证地结合应用，使所采用的防治方法之间取长补短，相辅相成。

4. 注重经济阈值及防治指标　有害生物与有益生物以及其他生物之间的协调进化是自然界中普遍存在的现象，应在满足人类长远物质需求的基础上，实现自然界中大部分生物的和谐共存。绿色防控的最终目的，不是将有害生物彻底消灭，而是将其种群密度维持在一定水平之下，即经济受害允许水平之下。所谓经济受害水平，是指某种有害生物引起经济损失的最低种群密度。经济阈值是为防止有害生物造成的损失达到经济受害水平，需要进行防治的有害生物密度。当有害生物的种群达到经济阈值时就必须进行防治，否则不必采取防治措施。防治指标是指需要采取防治措施以阻止有害生物达到造成经济损失的程度。一般来说，生产上防治任何一种有害生物都应讲究经济效益和经济阈值，即防治费用必须小于或等于因防治而获得的收益。

实践经验告诉我们，即使花费巨大的经济代价，最终还是难以彻底根除有害生物。自然规律要求我们必须正视有害生物的合理存在，设法把有害生物的数量和发生程度控制在较低水平，为天敌提供相互依赖的生存条件，减少农药用量，维护生态平衡。

5. 综合评价经济、社会和生态效益 农作物病虫害绿色防控不仅可以减少病虫为害造成的直接损失，而且由于防控技术对环境友好，对社会、生态环境都有十分明显的效益。对绿色防控技术的评价与其他病虫害防控措施评价一样，主要包括成本和收益两个方面，但如何科学合理地分析和评价绿色防控效益是一项非常困难和复杂的工作。

从投入成本分析，防控技术的使用包含了直接成本和间接成本。直接成本主要反映在农民采用该技术的资金投入上，是农民对病虫害防治决策关注的焦点。间接成本是由防控技术使用的外部效应产生的，主要是指环境和社会成本，如化学农药的大量使用造成了使用者中毒事故、农产品中过量的农药残留、天敌种群和农田自然生态的破坏、生物多样性的降低、土壤和地下水污染等一些环境或社会问题，这些问题均是化学农药使用的环境和社会成本的集中体现。

从防治收益分析，防控技术包括了直接收益和间接收益。直接收益主要指农民采用防控技术后所挽回损失而增加的直接经济收入。间接收益主要是环境效益和社会效益，如减少化学农药的使用而减少了使用者中毒事故，避免了农产品农药残留而提高了农产品品质，增加了天敌种群和生物多样性，改善了农田自然生态环境，等等。

绿色防控的直接成本和经济效益遵循传统的经济学规律，易于测算，而间接成本和社会效益、生态效益没有明晰的界定，在很多情况下只能推测而难于量化。因此，对于实施绿色防控效益评价，要控制追求短期经济效益的评价方法，改变以往单用杀死害虫百分率来评价防治效果的做法，应强调各项防治措施的协调和综合，用生态学、经济学、环境保护学观点来全面评价。

6. 树立可持续发展理念 可持续发展战略最基本的理念，是既要考虑当前发展的需要，又要考虑未来发展的需要，不以牺牲后代人的利益为代价来满足当代人的利益，同时还应追求代内公正，即一部分人的发展不应损害另一部分人的利益。要将绿色防控融入可持续发展和环境保护之中，扩大病虫害绿色防控的生态学尺度，利用各种生态手段，合理应用农业、生物、物理和化学等防治措施，对有害生物进行适当预防和控制，最大限度地发挥自然控制因素的作用，减少化学农药使用，尽可能地降低对作物、人类健康和环境所造成的危害，实现协调防治的整体效果和经济、社会和生态效益最大化。

（八）绿色防控技术体系

绿色防控的目标与发展安全农业的要求相一致，它强调以农业防治为基础，以生态控害为中心，广泛利用以物理、生物、生态为重点的控制手段，禁止使用高毒高残留农药，最大限度减少常规化学农药的使用量。病虫害发生前，综合运用农业、物理、生态和生物等方法，减少或避免病虫害的发生。病虫害发生后，及时使用高效、低毒、低残留农药，精准施药，把握安全间隔期，尽可能减少农药对环境和农产品的污染。防治措施的选择和防治策略的决策，应全面考虑经济效益、社会效益和生态效益，最大限度地确保农业生产安全、农业生态环境安全和农产品质量安全。

经过多年实践，我国农作物病虫害绿色防控通过防治技术的选择和组装配套，已初步形成了包括植物检疫、农业措施、理化诱控、生态调控、生物防治和科学用药等一套主要技术体系。

1. 植物检疫　植物检疫是国家或地区政府，为防止危险性有害生物随植物及其产品的人为引入和传播，保障农林业的安全，促进贸易发展，以法律手段和行政、技术措施强制实施的植保措施。植物检疫是一个综合的管理体系，涉及法律规范、国际贸易、行政管理、技术保障和信息管理等诸多方面，其内容涉及植保中的预防、杜绝或铲除等方面，其特点是从宏观整体上预防一切有害生物（尤其是本区域范围内没有的）的传入、定植与扩展，它通过阻止危险性有害生物的传入和扩散，达到避免植物遭受生物灾害为害的目的。

我国植物检疫分为国内检疫（内检）和国外检疫（外检）。国内检疫是防止国内原有的或新近从国外传入的检疫性有害生物扩展蔓延，将其封锁在一定范围内，并尽可能加以消灭。国外检疫是防止检疫性有害生物传入国内或携带出国。通过对植物及其产品在运输过程中进行检疫检验，发现带有被确定为检疫性有害生物时，即可采取禁止出入境、限制运输、进行消毒除害处理、改变输入植物材料用途等防范措施。一旦检疫性有害生物入侵，则应在未传播扩散前及时铲除。此外，在国内建立无病虫种苗基地，提供无病虫或不带检疫性有害生物的繁殖材料，则是防止有害生物传播的一项根本措施（图1、图2）。

图1　植物检疫

图2　集中销毁

2. 农业措施　农业措施或称为植物健康技术，是指通过科学的栽培管理技术，培育健壮植物，增强植物抗害、耐害和自身补偿能力，有目的地改变某些因子，从而控制有害生物种群数量，减少或避免有害生物侵染为害的可能性，达到稳产、高产、高效率、低成本之目的的一种植保措施。其最大优点是不需要过多的额外投入，且易与其他措施相配套。

绿色防控就是将病虫害防控工作作为人与自然和谐共生系统的重要组成部分，突出其对高效、生态、安全农业的保障作用。健康的作物是有害生物防治的基础，实现绿色防控首先应遵循栽培健康作物的原则，从培育健康的农作物和良好的农田生态环境入手，使植物生长健壮，并创造有利于天敌的生存繁衍而不利于病虫害发生的生态环境，只有这样才能事半功倍，病虫害的控制才能经济有效。主要做法有改进耕作制度、使用无害种苗、选用抗性良种、加强田间管理和安全收获等。

（1）培育健康土壤环境：培育健康的植物需要健康的土壤，植物健康首先需要土壤健康。良好的土壤管理措施可以改良土壤的墒情，提高作物养分的供给和促进作物根系的发育，从而能增强农作物抵御病虫害的能力，抑制有害生物的发生。不利于农作物生长的土壤环境，则会降低农作物对有害生物的抵抗能力，加重有害生物为害程度。培育健康土壤环境的途径包括：合理耕翻土地保持良好的土壤结构，合理作物轮作（间作、套种）调节土壤微生物种群，必要时进行土壤处理，局部控制不利微生物合理培肥土壤保证良好的土壤肥力等（图3～图6）。

（2）选用抗（耐）性品种：选用具有抗害、耐害特性的作物品种

图3 生物多样性

图4 小麦油菜间作

图5 土壤深翻

图6 小麦宽窄行播种

是栽培健康作物的基础，也是防治作物病虫害最根本、最经济有效的措施。在健康的土壤上种植具有良好抗性的农作物品种，在同样的条件下，能通过抵抗灾害、耐受灾害以及灾后补偿作用，有效减轻病虫害对作物的侵害损失，减少化学农药的使用。作物品种的抗害性是一种遗传特性，抗性品种按抵抗作用对象分类，主要有抗病性品种、抗虫性品种和抗干旱、低温、渍涝、盐碱、倒伏、杂草等不良因素的品种等。由于不同的作物、不同的区域对品种的抗性有不同要求，要根据不同作物种类、不同的播期和针对当地主要病虫害控制对象，因地制宜选用高产、优质抗（耐）性品种，且不同品种要合理布局。

（3）种苗处理：种苗处理技术主要指用物理、化学的方法处理种苗，保护种子和苗木免受病虫害直接为害、间接寄生的措施。常用方法有汰除、晒种、浸种、拌种、包衣、嫁接等。

汰除是利用被害种苗和健壮种苗的形态、大小、相对密度、颜色等方面的差异，精选健壮无病的种苗，包括手选、筛选、风选、水选、色选、机选等。

晒种和浸种是物理方法。晒种是利用阳光照射杀灭病菌、驱除害虫等。浸种主要是用一定温度的水浸泡种苗，利用作物和病虫对高温或低温的耐受程度差异而杀灭病菌虫卵等。广义的晒种和浸种还包括用一些人工特殊光源和配制特定药液处理种苗的技术。

拌种和包衣是使用化学药剂处理种子的方法，广泛应用于各种不同作物种子处理上：一种是在种子生产加工过程中，根据种子使用区域的病虫害种类和品种本身抗性情况，配制特定的种子处理药剂，以种子包衣为主的方式进行处理；另一种是在播种前，根据需要对未包衣的种子或需二次处理的包衣种子进行的药剂拌种处理。

嫁接是一个复合过程，主要是利用砧木的抗性和物理的方式阻断病虫的为害，主要用于果树等多年生作物。

（4）培育壮苗：培育壮苗是通过控制苗期水肥和光照供应、维持合适温湿度、防治病虫等措施，在苗期创造适宜的环境条件，使幼苗根系发达、植株健壮，组织器官生长发育正常、分化协调进行，无病虫为害，增强幼苗抵抗不良环境的能力，为抗病虫、丰产打下良好基础。

培育壮苗包括培育健壮苗木和大田调控作物苗期生长，特别是合理使用植物免疫诱抗剂、植物生长调节剂等，如氨基寡糖素、超敏蛋白、葡聚糖、几丁质、芸薹素、胺鲜酯、抗倒酯、S-抗素等，可以提高植株对病虫、逆境的抵抗能力，为农作物的健壮生长打下良好的基础（图7、图8）。

图7 抗倒酯

图8 培育壮苗

（5）平衡施肥：通过测土配方施肥，提供充足的营养，培育健康的农作物，即采集土壤样品，分析化验土壤养分含量，按照农作物对营养元素的需求规律，按时按量施肥增补，为作物健壮生长创造良好的营养条件，特别是要注意有机肥，氮、磷、钾复合肥料及微量元素肥料的平衡施用（图9）。

图9 科学施肥

（6）田间管理：搞好田间管理，营造一个良好的作物生长环境，不仅能增强植株的抗病虫、抗逆境的能力，还可以起到恶化病虫害的生存条件、直接杀灭部分菌源及虫体、降低病虫发生基数、减少病虫传播渠道的效果，从而控制或减轻甚至避免病虫为害。田间管理主要包括适期播种、合理密植、中耕除草、适当浇水、秋翻冬灌、清洁田园、人工捕杀等。

作物播种季节，在土壤温度、墒情、农时等条件满足的情况下，适期播种可以保证一播全苗、壮苗，有时为了减轻或避免病虫为害，可适当调整播期，使作物受害敏感期与病虫发生期错开。播种时合理密植，科学确定作物群体密度，增强田间通风透光性，使作物群体健壮、整齐，抑制某些病虫的发生。

作物生长期，精细田间管理，结合农事操作，及时摘去病虫为害的叶片、果实或清除病株、抹杀害虫，中耕除草，铲除田间及周边杂草，消灭病虫中间寄主。加强肥水管理，不偏施氮肥，施用腐熟的有机肥，增施磷钾肥，科学灌水，及时排涝，控制田间湿度，防止作物生长过于嫩绿、贪青晚熟，增强植株对病虫的抵抗能力。

在作物收获后，及时耕翻土壤，消灭遗留在田间的病株残体，将病虫翻入土层深处，冬季灌水，破坏或恶化病虫滋生环境，减少病虫越冬基数（图 10 ~ 图 12）。

图 10　秸秆还田

图 11　节水灌溉

图 12　泡田灭杀水稻二化螟

3. **理化诱控**　理化诱控技术主要指物理防治，是利用光线、颜色、气味、热能、电能、声波、温湿度等物理因子及应用人工、器械或动力机具等防治有害生物的植保措施。常用方法有利用害虫的趋光、趋化性等习性，通过布设灯光、色板、昆虫信息素、食物气味剂等诱杀害虫；通过人工或机械捕杀害虫；通过阻隔分离、温度控制、微波辐射等控制病虫害。理化诱控技术见效快，可以起到较好的控虫、防病的作用，常把害虫消灭于为害盛期发生之前，也可作为害虫大量发生时的一种应急措施。但理化诱控多对害虫某个虫态有效，当虫量过大时，只能降低田间虫口基数，防控虫害效果有限，需要采取其他措施来配合控制害虫。主要应用于小麦、玉米、水稻、花生、大豆、棉花、马铃薯、蔬菜、果树、茶叶等多种粮食及经济作物。

（1）灯光诱控：灯光诱控是利用害虫的趋光性特点，通过使用不同光波的灯光以及相应的诱捕装置，控制害虫种群数量的技术。由于许多昆虫对光有趋向性，尤其是对 365 nm 波长的光波趋性极强，多数诱虫灯产品能诱捕杀灭害虫，故俗称为杀虫灯。杀虫灯利用害虫较强的趋光、趋波、趋色、趋化的特性，将光的波长、波段、波频设定在特定范围内，近距离用光、远距离用波，加以诱捕到的害虫本身产生的性信息引诱成虫扑灯，灯外配以高压电网触杀或挡板，使害虫落入灯下的接虫袋或水盆内，达到杀灭害虫的目的。杀虫灯按能量供应方式分为交流电式和太阳能两种类型，按灯光类型分为黑光灯、高压汞灯、频振式诱虫灯、投射式诱虫灯等类型。杀虫灯的特点是应用范围广、杀虫谱广、杀虫效果明显、防治成本低，但也有对靶标害虫不精准的缺点。杀虫灯主要用于防治以鳞翅目、鞘翅目、直翅目、半翅目为主的多种害虫，如棉铃虫、玉米螟、黏虫、斜纹夜蛾、甜菜夜蛾、银纹夜蛾、二点委夜蛾、桃蛀螟、稻飞虱、稻纵卷叶螟、草地螟、卷叶蛾、食心虫、吸果夜蛾、刺蛾、毒蛾、椿象、茶细蛾、茶毛虫、地老虎、金龟子、金针虫等（图 13 ~ 图 19）。

图 13　频振式诱虫灯

图 14　太阳能杀虫灯

图 15 不同类型的
杀虫灯（1）

图 16 不同类型的
杀虫灯（2）

图 17 黑光灯

图 18 成规模设置杀虫灯（2）

图 19 灯光诱杀效果

（2）色板诱控：色板诱控是利用害虫对颜色的趋向性，通过在板上涂抹黏虫胶诱杀害虫。主要有黄色诱虫板、绿色诱虫板、蓝色诱虫板、黄绿蓝系列性色板以及利用性信息素的组合板等。不同种类的害虫对颜色的趋向性不同，如蓟马对蓝色有趋性，蚜虫对黄色、橙色趋性强烈，可选择适宜色板进行诱杀。色板诱控优点是对较小的害虫有较好的控制作用，是对杀虫灯的有效补充；缺点是对有益昆虫有一定的杀伤作用，使用成本较高，在害虫发生初期使用防治效果好。常用色板主要有黄板、蓝板及信息素板，对蚜虫、白粉虱、烟粉虱、蓟马、斑潜蝇、叶蝉等害虫诱杀效果好（图20～图22）。

（3）信息素诱控：昆虫信息素诱控主要是指利用昆虫的性信息素、报警信息素、空间分布信息素、产卵信息素、取食信息素等对害虫进

图20 黄板诱杀

图21 蓝板诱杀

图22 红板诱杀

行引诱、驱避、迷向等，从而控制害虫为害的技术。生产上以人工合成的性信息素为主的性诱剂（性诱芯）最为常见。信息素诱控的特点是对靶标害虫精准，专一性和选择性强，仅对有害的靶标生物起作用，对其他生物无毒副作用。性诱剂的使用多与相应的诱捕器配套，在害虫发生初期使用，一般每个诱捕器可控制3~5亩。诱捕器放置的位置、高度、气流情况会影响诱捕效果，诱捕器放置高度依害虫的飞行高度而异。性诱剂还可用于害虫测报、迷向，操作简单、省时。缺点是性诱剂只引诱雄虫，不好掌握时机，若错过成虫发生期，则防控效果不佳。信息素诱控主要用于水稻、玉米、小麦、大豆、花生、果树、蔬菜等粮食作物和经济作物，防治棉铃虫、斜纹夜蛾、甜菜夜蛾、金纹细蛾、玉米螟、小菜蛾、瓜实蝇、稻螟虫、食心虫、潜叶蛾、实蝇、小麦吸浆虫等害虫（图23~图29）。

图 23　二化螟性诱芯（1）

图 24　二化螟性诱芯（2）

图 25　性诱芯防治蔬菜害虫

图 26　稻螟虫性诱捕器

图 27　金纹细蛾性诱芯

图 28　信息素诱捕器（1）

图 29　信息素诱捕器（2）

（4）食物诱控：食物诱控是通过提取多种植物中的单糖、多糖、植物酸和特定蛋白质等，合成具有吸引和促进害虫取食的物质，以吸引取食活动的方法捕杀害虫，该食物俗称为食诱剂。食诱剂借助于高分子缓释载体在田间持续发挥作用，使用极少量的杀虫剂或专利的物理装置即可达到吸引、杀灭害虫的目的，使用方法有点喷、带施、配合诱集装置使用等。不同种类的害虫对化学气味的趋性不同，如地老虎和棉铃虫对糖蜜、蝼蛄对香甜物质、种蝇对糖醋和葱蒜叶等有明显趋性，可利用食诱剂、糖醋液、毒饵、杨柳枝把等进行诱杀（图30～图34）。食物诱控的特点是能同时诱杀害虫雌雄成虫，对靶标害虫的吸引和杀灭效果好，对天敌益虫的毒副作用小，不易产生抗药性、无残留，对绝大部分鳞翅目害虫均有理想的防治效果。主要用于果树、蔬菜、花生、大豆及部分粮食作物等，可诱杀玉米螟、棉铃虫、银纹夜蛾、地老虎、金龟子、蝼蛄、柑橘大食蝇、柑橘小食蝇、瓜食蝇、天牛等害虫。

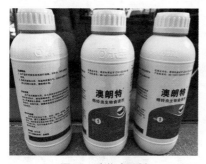

图 30　生物食诱剂

图 31　食诱剂诱杀害虫

图 32　糖醋液诱杀害虫

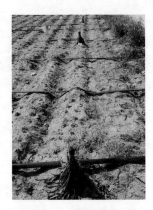

图33 枝把诱杀（1）　　　　图34 枝把诱杀（2）

（5）隔离驱避技术：隔离驱避技术是利用物理隔离、颜色或气味负趋性的原理，以达到降低作物上虫口密度的目的。主要种类有防虫网、银灰膜、驱避剂、植物驱避害虫、果实套袋、茎干涂石灰等。驱避技术的特点是防治效果好、无污染，但成本较高。主要应用在水稻、果树、蔬菜、烟草、棉花等作物上（图35 ~ 图36）。

图35 防虫网　　　　　　图36 果实套袋

防虫网的作用主要为物理隔离，通过一种新型农用覆盖材料把作物遮罩起来，将病虫拒于栽培网室之外，可控制害虫以及其传播病毒病的为害。防虫网除具有遮光、调节温湿度、防霜冻以及抗强风暴雨的优点外，还能防虫防病，保护天敌昆虫，大幅度减少农药使用，是一种简便、科学、有效的预防病虫措施。

银灰色地膜是在基础树脂中添加银灰色母粒料吹制而成，或采用喷涂工艺在地膜表面复合一层铝箔，使之成为银灰色或带有银灰色条带的地膜。银灰膜除具有增温保墒的作用外，对蚜虫还有驱避作用。由于蚜虫对银灰色有忌避性，用银灰色反光塑料薄膜做大棚覆盖、围边材料、地膜，利用银灰地膜的反光作用，人为地改变了蚜虫喜好的叶子背面的生存环境，抑制了蚜虫的发生，同时，银灰膜可以提高作物中下部的光合作用，对果实着色和提高含糖量有帮助。

利用昆虫的生物趋避性，在需保护的农作物田内外种植驱避植物，其次生性代谢产物对害虫有驱避作用，可减少害虫的发生量，如：香茅草可以驱除柑橘吸果夜蛾，除虫菊、烟草、薄荷、大蒜可驱避蚜虫，薄荷可驱避菜粉蝶等。

保护地设施栽培可调控温湿度，创造不利于病虫的适生条件。田间及周边种植驱避、诱集作物带，保护利用天敌或集中诱杀害虫，常用的驱避或引诱植物有蒲公英、鱼腥草、三叶草、薰衣草、薄荷、大葱、韭菜、洋葱、菠菜、番茄、花椒、一串红、除虫菊、金盏花、茉莉、天竺葵以及红花、芝麻、玉米、蓖麻、香根草等（图37）。

图37 稻田周边种植香根草

（6）太阳能土壤消毒：在夏季高温休闲季节，地面或棚室通过较长时间覆盖塑膜密闭来提高土壤或室内温度，可杀死土壤中或棚室内的害虫和病原微生物。在作物生长期，高温闷棚可抑制一些不耐高温的病虫发展。随着太阳能土壤消毒技术不断发展完善，与其他措施结合，形成了各种形式的适合防治不同土传病虫害的太阳能土壤消毒技术。主要应用于保护地作物及设施农业。另外，还可用原子能、超声波、紫外线和红外线等生物物理学防治病虫害。

4. 生态调控 生态调控技术主要采用人工调节环境、食物链加增效等方法，协调农田内作物与有害生物之间、有益生物与有害生物之间、环境与生物之间的相互关系，达到灭害保益、提高效益、保护环境的目的。生态调控的特点是充分利用生态学原理，以增加农田生物的多样性和生态系统的复杂性，从而提高系统的稳定性。

利用生物多样性，可调整农田生态中病虫种群结构，增加农田生态系统的稳定性，创造有利于有益生物的种群稳定和增长的环境。还可调整作物受光条件和田间小气候，设置病虫害传播障碍，既可有效抑制有害生物的暴发成灾，又可抵御外来有害生物的入侵，从而减轻农作物病虫害压力和提高作物产量。

常用的途径有：采用间作、套种以及立体栽培等措施，提高作物多样性。推广不同遗传背景的品种间作，提高作物品种的多样性。植物与动物共育生产，提高农田生态系统的多样性。果园林间种植牧草、养鸡、养鸭增加生态系统的复杂性（图38~图48）。

图 38 油菜与小麦间作

图 39 大豆田间点种高粱

图 40 红薯与桃树套种

图 41 大豆与玉米间作

图 42 果园种草

图 43 辣椒与玉米间作

图 44 大豆与林苗套种

图 45 辣椒与大豆间作

图 46 路旁点种大豆

图 47 果园养鸭

图48 稻田养鸭

5. 生物防治 天敌是指自然界中某种生物专门捕食或侵害另一种生物，前者是后者的天敌，天敌是生物链中不可缺少的一部分。根据生物群落种间关系，分为捕食关系和寄生关系。农作物病虫害和其天敌被习惯称为有害生物和有益生物，天敌包括天敌昆虫、线虫、真菌、细菌、病毒、鸟类、爬行动物、两栖动物、哺乳动物等。

生物防治是指利用有益生物及其代谢产物控制有害生物种群数量的一种防治技术，根据生物之间的相互关系，人为增加有益生物的种群数量，从而取得控制有害生物的效果。生物防治的内涵广泛，一般常指利用天敌来控制有害生物种群的控害行为，即采用以虫治虫、以螨治螨、以虫除草等防治有害生物的措施，广义的生物防治还包括生物农药防治。

生物防治根据生物间作用方式，可以分为捕食性天敌、寄生性天敌、自然天敌保护利用和天敌繁育引进等。生物防治优点是自然资源丰富、防治效率高、具有持久性、对生态环境安全、无污染残留、病虫不会产生抗性等，但防治效果缓慢、绝对防效低、受环境影响大、生产成本高、应用技术要求高等。生物防治的途径有保护有益生物、引进有益生物、有益生物的人工繁殖与释放、生物产物的开发利用等。主要应用于小麦、玉米、水稻、蔬菜、果树、茶叶、棉花、花生等作物。

（1）寄生性天敌：寄生性天敌昆虫多以幼虫体寄生寄主，随着天敌幼虫的发育完成，寄主缓慢地死亡和毁灭。寄生性天敌按其寄生部位可分为内寄生和外寄生，按被寄生的寄主发育期可分为卵寄生、幼虫寄生、蛹寄生和成虫寄生。常用于生物防治的寄生性天敌昆虫有姬蜂、蚜茧蜂、赤眼蜂、丽蚜小蜂、平腹小蜂等，主要应用于小麦、玉米、水稻、果树、蔬菜、棉花、烟草等作物（图49～图52）。

图49　棉铃虫被病原细菌寄生

（2）捕食性天敌：捕食性天敌昆虫主要以幼虫或成虫主动捕食大量害虫，从而达到消灭害虫、控制害虫种群数量、减轻为害的效果。常用于生物防治的捕食性天敌昆虫有瓢虫、食蚜蝇、食虫蝽、步甲、捕食虻等，还有其他捕食性天敌或有益生物，如蜘蛛、捕食螨、两栖类、爬行类、鸟类、鱼类、小型哺乳动物等，主要应用于小麦、玉米、水稻、蔬菜、果树、棉花、茶叶等作物（图53～图63）。

（3）保护利用自然天敌：生态系统的构成中，没有天敌和害虫之分，它们都是生态链中的一个环节。当人们为了某种目的，从生态系

图51　人工释放赤眼蜂防治玉米螟

图50　蚜虫被蚜茧蜂寄生

图52　玉米螟卵被赤眼蜂寄生

图 53　人工释放瓢虫卵卡

图 54　瓢虫成虫

图 55　人工释放捕食螨防治苹果山楂叶螨

图 56　食蚜蝇幼虫（1）

图 57　食蚜蝇幼虫（2）

图 58　烟盲蝽幼虫

图 59　步甲成虫

图 60　捕食虻成虫

图 61　螳螂成虫

图 62　草蛉卵

图 63　蜘蛛捕食

统的某一环节获取其经济价值时，就会对生态系统的平衡产生影响。从经济角度讲，就有了害虫和天敌（益虫）之分。如果生态处于平衡状态，害虫就不会泛滥，也不需防治，当天敌和害虫的平衡被破坏，为了获取作物的经济价值，就要进行防治。而化学农药的不合理使用，在杀死害虫的同时，也杀死了大量天敌，失去天敌控制的害虫就会严重发生。

通过营造良好生态环境、保护天敌的栖息场所，为天敌提供充足的替代食物，采用对有益生物影响最小的防控技术，可有效地维持和增加农田生态系统中有益生物的种群数量，从而保持生态平衡，达到自然控制病虫为害的目的。常用的途径有：采用选择性诱杀害虫、局部施药和保护性施药等对天敌种群影响最小的技术控制病虫害，避免大面积破坏有益生物的种群。采用在冬闲田种植油菜、苜蓿、紫云英等覆盖作物的保护性耕作措施，为天敌昆虫提供越冬场所。在作物田间或周边种植苜蓿、芝麻、油菜、花草等作物带，为有益生物建立繁衍走廊、避难场所和补充营养的食源（图64～图66）。

图64　苜蓿与棉花套种

图65　田边点种芝麻

图66　路旁种植花草

（4）繁育引进天敌：对一些常发性害虫，单靠天敌本身的自然增殖很难控制其为害，应采取人工繁殖和引进释放的方式，以补充田间天敌种群数量的不足。同时，还可以从国内外引进、移植本地没有或形不成种群的优良天敌品种，使之在本地定居增殖。常见的有人工繁殖和释放赤眼蜂、蚜茧蜂、丽蚜小蜂、平腹小蜂、金小蜂、瓢虫、草蛉、捕食螨、深点食螨瓢虫及农田蜘蛛等天敌（图 67 ~ 图 69）。

图 67 释放赤眼蜂

图 68 释放瓢虫

图 69 释放捕食螨

（5）生物工程防治：生物工程防治主要指转基因育种，通过基因定向转移实现基因重组，使作物具备抗病虫害、抗除草剂、高产、优质等特定性状。其特点是防治效果高、对非靶标生物安全、附着效果小、残留量小、副作用小、可用资源丰富等。主要应用于棉花、玉米、大豆等作物（图 70）。

图 70 转基因抗虫棉花

6. 科学用药 科学用药包括使用生物农药防治、化学农药防控和实施植保专业化统防统治。

（1）生物农药防治：生物农药是指利用生物活体或其代谢产物对农业有害生物进行杀灭或控制的一类非化学合成的农药制剂，或者是通过仿生合成具有特异作用的农药制剂。生物农药尚无十分准确的统一界定，随着科学技术的发展，其范畴在不断扩大。在我国农业生产实际应用中，生物农药一般主要泛指可以进行工业化生产的植物源农药、微生物源农药、生物化学农药等。

生物农药防治是指利用生物农药进行防控有害生物的发生和为害的方法。生物农药的优点是来源于自然界天然生成的有效成分，与人工合成的化学农药相比，具有可完全降解、无残留污染的优点，但生物农药的施用技术度高，不当保存和施用时期、施用方法都可能会制约生物农药的药效。另外，生物农药生产成本高，货价期短、速效性差，通常在病虫害发生早期，及时正确施用才可以取得较好的防治效果。主要用于果蔬、茶叶、水稻、玉米、小麦、花生、大豆等经济及粮食作物上病虫害的防治（图71）。

图71 生物农药

1）植物源农药。植物源农药指从一些特定的植物中提取的具有杀虫、灭菌活性的成分或植物本身按活性结构合成的化合物及衍生物，经过一定的工艺制成的农药。植物源农药的有效成分复杂，通常不是单一的化合物，而是植物有机体的全部或一部分有机物质，一般包含在生物碱、糖苷、有毒蛋白质、挥发性香精油、单宁、树脂、有机酸、酯、酮、萜等各类物质中。植物源农药可分为植物毒素、植物内源激素、植物源昆虫激素、拒食剂、引诱剂、驱避剂、绝育剂、增效剂、植物防卫素、植物精油等。植物源农药来源于自然，能在自然界中降解，对环境及农产品、人畜相对安全，对天敌伤害小，害虫不易产生抗性，具有低毒、低残留的优点，但不易合成或合成成本高，药效发挥慢，采集加工限制因素多，不易标准化。植物源农药一般为水剂，受阳光或微生物的作用活性成分易分解。常用的植物源农药有效成分主要有大蒜素、乙蒜素、印楝素、鱼藤酮、除虫菊素、蛇床子素、藜芦碱、烟碱、小檗碱、苦参碱、核苷酸、苦皮藤素、丁子香酚等。

2）微生物源农药。微生物源农药指利用微生物或其代谢产物来防治农作物有害生物及促进作物生长的一类农药。它包括以菌治虫、以菌治菌、以菌除草、病毒治虫等。微生物农药主要有活体微生物农药和农用抗生素两大类。其主要特点是选择性强、防效较持久、稳定，对人畜、农作物和自然环境安全，不伤害天敌，不易产生抗性。但微生物农药剂型单一、生产工艺落后，产品的理化指标和有效成分含量不稳定。常用的微生物农药主要有苏云金杆菌、蜡质芽孢杆菌、枯草芽孢杆菌、淡紫拟青霉、多黏类芽孢杆菌、木霉菌、荧光假单胞杆菌、短稳杆菌、白僵菌、绿僵菌、颗粒体病毒、核型多角体病毒、质型多角体病毒、蟑螂病毒、微孢子虫、线虫等。

3）生物化学农药。生物化学农药指通过调节或干扰害虫或植物的行为，达到控制害虫目的的一类农药。其主要特点是用量少、活性高、环境友好。生物化学农药常分为生物化学类和农用抗生素类两种。常用生物化学类包括昆虫信息素、昆虫生长激素、植物生长调节剂、昆虫生长调节剂等，主要有油菜素内酯、赤霉酸、吲哚乙酸、乙烯利、诱抗素、三十烷醇、灭幼脲、杀铃脲、虫酰肼、腐殖酸、诱虫烯、性诱剂等，抗生素类主要有阿维菌素、甲氨基阿维菌素苯甲酸盐、井冈霉素、嘧啶核苷类抗生素、春雷霉素、申嗪霉素、多抗霉素、多杀霉素、硫酸链霉素、宁南霉素、氨基寡糖素等。

（2）化学农药防控：化学农药防控是指利用化学药剂防治有害生物的一种防治技术。主要是通过开发适宜的农药品种，并加工成适当的剂型，利用适当的机械和方法处理作物植株、种子、土壤等，直接杀死有害生物或阻止其侵染为害。农药剂型不同，使用方法也不同，常用方法有喷雾、喷粉、撒施、冲施（泼浇）、灌根（喷淋）、拌种（包衣）、浸种（蘸根）、毒土、毒饵、熏蒸、涂抹、滴心、输液等（图

72 ~ 图 80)。

图 72 种子包衣拌种

图 73 BT 颗粒剂去心防治玉米螟

图 74 土壤处理

图 75 喷雾防治

图 76 地面机械施药

图 77　药液灌根

图 78　撒施毒土

图 79　烟雾机防治

图 80　林木输液

化学农药是一类特殊的化学品，常指化学合成农药（有时也将矿物源农药归类于化学农药），根据其作用可分为杀虫剂、杀菌剂、杀螨剂、杀线虫剂、除草剂、灭鼠剂、植物生长调节剂等不同种类。化学农药防治农业病虫等有害生物，其优点是使用方法简便、起效快、效果好、种类多、成本低，受地域性或季节性限制少，可满足各种防治需要。但不合理使用化学农药带来的负面效应明显，在杀死有害生物的同时，易杀死有益生物，导致有害生物再猖獗，化学农药容易引起人畜中毒和农作物药害，易使病虫产生抗药性，农药残留造成环境污染等（图81、图82）。

化学防治是当前国内外广泛应用的防治措施，在病虫害等有害生物防治中占有重要地位，化学农药作为防控病虫害的重要手段，也是实施绿色防控必不可少的技术措施。在绿色防控中，利用化学农药防控有害生物，既要充分发挥其在农业生产中的保护作用，又要尽量减少和防止出现副作用。化学农药对环境残留为害是不可避免的，但可以通过科学合理使用化学农药加以控制，确保操作人员安全、作物安全、农产品消费者安全、环境与其他非靶标生物的安全，将农药的残留影响降到环境允许的最低限度。

1）优先使用生物农药或环境友好型农药。绿色防控强调尽量使用农业措施、物理以及生态措施来减少农药的使用，但是在必须使用农药时，一定要优先使用生物农药及安全、高效、低毒、低残留的环境友好型农药的新品种、新剂型、新制剂。

图81　作物药害

图82　农药包装废弃物

2）对症施药。在使用农药时，必须先了解农药的性能和防治对象的特点。病虫害等有害生物的种类繁多，不同的有害生物发生时期、为害部位、防治指标、使用药剂、防控技术等均不相同。农药的品种及产品类型也很多，不同种类的农药，防治对象和使用范围、施用剂量、使用方法等也不相同，即使同一种药剂，由于制剂类型、规格不同，使用方法、施用剂量也不一样。应针对需要防治的对象，尽量选用最合适、最有效、对天敌杀伤力最小的农药品种和使用方法。

3）适期用药。化学防治的过早或过迟施药，都可能造成防治效果不理想，起不到保护作物免受病虫为害的作用。在防治时，要根据田间调查结果，在病虫害达到防治指标后进行施药防治，未达到防治指标的田块暂不必进行防治。在施药时，要根据有害生物发生规律、作物生育期和农药特性，以及考虑田间天敌状况，尽可能避开天敌对农药的敏感时期用药，选择保护性的施药方式，既能消灭病虫害又能保护天敌。

4）有效低量无污染。化学农药的防治效果不是药剂的使用量越多越好，也不是药剂的浓度越大越好，随意增加农药的用量、浓度和使用次数，不仅增加成本而且还容易造成药害，加重农产品和环境的污染，还会造成病虫的抗药性。严格掌握施药剂量、时间、次数和方法，按照农药标签推荐的用量与范围使用，药液的浓度、施药面积准确，施药均匀细致，以充分发挥药剂的效能。根据病虫害发生规律适当选择施药时间，根据药剂残效期和气候条件确定喷药次数，根据病虫害发生规律、为害部位、产品说明选择施药方法。废弃的农药包装必须统一集中处理，切忌乱扔于田间地头，以免造成环境污染与人畜中毒。

5）交替轮换用药。长期施用一种或相同类型的农药品种防治某种病虫害，易使该病有害生物产生抗（耐）药性，降低防治效果。防治相同的病虫害要交替轮换使用几种不同作用机制、不同类型的农药，防止病虫害对药剂产生抗（耐）性。

6）严格按安全间隔期用药。农药使用安全间隔期是指最后一次施药至放牧、采收、使用、消耗作物前的时期，自施药后到残留量降到最大允许残留量所需间隔时间。因农药特性、降解速度不同，不同农药或同一种农药施用在不同作物上的安全间隔期也有所不同。绿色防控的主要目标就是要避免农药残留超标，保障农产品质量安全。在使用农药时，一定要看清农药标签标明的使用安全间隔期和每季最多用药次数，不得随意增加施药次数和施药量，在农药使用安全间隔期过后再采收，以防止农产品中农药残留超标（图83）。

图83　农药标签上标注的使用安全间隔期

7）合理混用。农药的合理混用，可以提高防治效果，延缓病虫产生抗药性，减少用药量，减少施药次数，从而降低劳动成本。如果混配不合理，轻则药效下降，重则产生药害。混用农药有一定的原则要求，选用不同毒杀机制、不同作用方式、不同类型的农药混用，选择作用于不同虫态、不同防控对象的农药混用，将具有不同时效性的农药混用，将农药与增效剂、叶面肥等混用。混用的农药种类原则上不宜超过3种，而且，酸碱性不同的农药不能混用，具有交互抗性的农药不能混用，生物农药与杀菌剂不能混用。农药混用必须确保药剂混合后，有效成分间不发生化学变化，不改变药剂的物理性状，不能出现浮油、絮结、沉淀、变色或发热、气泡等现象，不能增加对人畜的毒性和作物的伤害，能增效或能增加防治对象。配制混用药液时，要按照药剂溶于水由难到易的先后次序加入水中，如微肥、水溶肥、可湿性粉剂、水分散粒剂、悬浮剂、微乳剂、水乳剂、水剂、乳油，最好采用二次稀释的配药方法，每加入一种即充分搅拌混匀，然后再加入下一种。无论混配什么药剂，药液都要现配现用，不宜久放或贮存。

（3）实施植保专业化统防统治：植保专业化统防统治是新时期农作物病虫害防治方式和方法的一种创新，它是通过培育具备一定植保专业技术条件的服务组织，采用现代装备和技术，开展社会化、规模化、集约化的农作物病虫害防治服务，旨在提高病虫害防治的效果、效率和效益。植保专业化统防统治技术集成度高、装备比较先进，实行农药统购、统供、统配和统施，规范田间作业行为，实现信息化管理。与传统防治方式相比，专业化统防统治具有防控效果好、作业效率高、农药利用率高、生产安全性高、劳动强度低、防治成本低等优势。

发展植保专业化统防统治，是适应病虫害等有害生物发生规律、有效解决农民防病治虫难的必然要求，是提高重大病虫防控效果、控制病虫害暴发成灾，保障农业生产安全的关键措施，是降低农药使用风险、保障农产品质量安全和农业生态环境安全的有效途径，是提高农业组织化程度、转变农业生产经营方式的重要举措。植保专业化统防统治作为新型服务业，既是植保公共服务体系向基层的有效延伸，也是提高病虫害防控组织化程度的有效载体，有利于促进传统的分散防治方式向规模化和集约化统防统治转变。

在发展绿色农业、有机农业、精准农业、数字农业技术的新形势下，依靠科技进步，依托植保专业化服务组织、新型农业经营主体，利用植保无人机、大型自走式喷杆喷雾机等先进植保机械，集中连片整体推进农作物病虫害植保专业化统防统治，大力推广高效低毒低残留农药、新剂型、新助剂和生物农药以及智能高效施药机械，加快转变病虫害防控方式，构建资源节约型、环境友好型病虫害可持续治理技术体系，做到精准施药，实现农药减量控害（图84、图85）。

图84　统防统治

图85　植保专业化统防统治作业

第二部分　大豆病害田间识别与绿色防控

一、 大豆病毒病

分布与为害

　　大豆病毒病是由多种病毒单一或复合侵染的一类系统性病害，主要包括大豆花叶病、大豆芽枯病等，广泛分布于我国各大豆种植区。其中大豆花叶病发生普遍，占大豆病毒病的 80% 以上，可造成减产40%。

症状特征

　　大豆病毒病的症状因病毒种类（特别是复合侵染的病毒种类）、大豆品种、侵染时期及环境条件不同而多样。主要症状有：

　　1. 轻花叶型　叶片生长基本正常，叶上出现轻微淡黄绿相间斑驳，对光观察尤为明显，通常后期病株或抗病品种多表现此症状（图1）。

　　2. 重花叶型　病叶呈黄绿相间斑驳，皱缩严重，叶脉变褐弯曲，叶肉呈疱状凸起，叶缘下卷，后期导致叶脉坏死，植株明显矮化（图2）。

图1　大豆病毒病轻花叶型

　　3. 皱缩花叶型　症状介于轻、重花叶型之间，病叶出现黄绿相间花叶，沿中叶脉呈疱状凸起，叶片皱缩呈歪扭不整形（图3）。

图2 大豆病毒病重花叶型　　　　图3 大豆病毒病皱缩花叶型

4. 黄斑型 轻花叶型与皱缩花叶型混生，出现黄斑坏死，叶片皱缩褪色为黄色斑驳，叶片密生坏死褐色小点，或生出不规则的黄色大斑块，叶脉变褐坏死（图4）。

5. 芽枯型 病株茎部顶芽或侧芽初变为红褐色或褐色，萎缩卷曲，后变褐坏死，发脆易断，植株矮化。开花期表现症状多数为花芽萎蔫不结实。结荚期表现症状为豆荚上生圆形或不规则形褐色斑块，豆荚多变为畸形（图5）。

6. 褐斑粒型 籽粒斑驳，因豆粒脐部颜色而异：褐色脐的呈褐色，黄白色脐的呈浅褐色，黑色脐的呈黑色。播种带病种子，所结病荚种子上的斑纹明显，后期由蚜虫传播的感病植株上结的病荚里的种子很少产生褐斑斑纹。

图4 大豆病毒病叶片黄斑型　　　　图5 大豆病毒病芽枯型

发生规律

大豆病毒病在流行规律上的显著特点：一是带毒种子长成的病苗为当年发病的侵染源，且脱毒困难；二是病害依靠蚜虫在田间不断传播，传毒方式为非持久型，即获毒快、传毒快，但失毒也快。经测定，蚜虫在病株上刺吸 30~60 s 就可带病毒，带毒蚜在健株上吸食 1 min 就可以传毒，持续传毒只有 75 min。因此，要求使用能够迅速击倒蚜虫的药剂来防治，否则达不到显著防病效果。

绿色防控技术

1. 农业措施

（1）选用抗病性强的品种：目前已选育或鉴定出较多抗（耐）病品种，可根据当地情况选择种植。可选用合成 75、铁豆 43、希豆 5 号、商豆 1310、濮豆 857、泗春 1240、皖豆 21116、中黄 37、苏豆 18、晋豆 34 号、荷豆 12、鲁豆 13 号等；无病田或无病株留种，无病留种田应与大田大豆隔离 100 m 以上，豆粒单收、单晒、单贮，精选种子，去除褐斑和不饱满的豆粒。

（2）合理轮作倒茬：避免连作，实行大豆与玉米等高秆作物间作。

（3）科学播种：因地制宜调整播期，适时播种，合理密植；推广地膜覆盖栽培技术，有条件的地方可铺银灰膜驱蚜，效果可达 80%；改平地种植为起垄种植，推广高畦深沟栽培技术（图 6）。

图 6　大豆起垄种植

（4）清洁田园：及时拔除病株，集中深埋销毁处理，清除田间及周围杂草和其他寄主作物，控制发病中心，减少蚜虫传毒介体来源。

（5）加强肥水管理：增施磷、钾、钙肥，施用充分腐熟的有机肥、草木灰；遇干旱及时浇水（图 7），大雨后排水降湿，防止田间积水。

图 7　大豆田间浇水

2. 生物防治　防治蚜虫等传毒介体，可在蚜虫发生初期，亩用200 万个 /mL 耳霉菌悬浮剂 150~200 mL，或 0.5% 藜芦碱可溶液剂100~133 g，或 10% 烟碱水剂 80~100 mL，或 1% 苦参·印棟素可溶液剂 60~80 mL 等，对水 50~60 kg，均匀喷雾。也可选用 0.3% 苦参碱水剂 300~500 倍液，或 0.3% 印棟素乳油 300~500 倍液，或 6% 鱼藤酮微乳剂 1 000~1 200 倍液等，均匀喷雾，每亩喷药液 50~60 kg。蚜虫发生严重时，间隔 7~10 d 防治 1 次，连续防治 2~3 次。

3. 科学用药

（1）治蚜防病：从苗期开始就要进行蚜虫的防治，防止和减少病毒的侵染，也可在有翅蚜迁飞前进行防治，喷洒 40% 乐果乳油1 000~2 000 倍液，或 2.5% 溴氰菊酯乳油 2 000~3 000 倍液，或 50%抗蚜威可湿性粉剂 2 000 倍液，或 10% 吡虫啉可湿性粉剂 2 500 倍液。缺水地区也可喷撒 1.5% 乐果粉剂，每亩喷 1.5~2 kg。

（2）防治病毒病：可结合苗期蚜虫的防治施药。药剂可选用 0.5%氨基寡糖素水剂 500 倍液，或 5% 菌毒清水剂 400 倍液，或 8% 宁南霉素水剂 800~1 000 倍液，或 0.5% 几丁聚糖水剂 200~400 倍液，或 0.5%菇类蛋白多糖水剂 200~400 倍液，或 6% 烯·羟·硫酸铜可湿性粉剂200~400 倍液喷雾，连续使用 2~3 次，隔 7~10 d 喷 1 次。

二、 大豆疫病

分布与为害

　　大豆疫病又称大豆疫霉根腐病，是由疫霉菌引起的大豆根腐和茎腐病，为大豆毁灭性病害，是重要的国际性检疫病害，只侵染豆科植物，如羽扇豆、菜豆、豌豆等。该病在大豆的整个生育期都可发生，一般发病田减产 30%~50%，高感品种损失达 50%~80%，甚至绝收（图1）。

图 1　大豆疫病大田为害状

症状特征

　　大豆疫病为害大豆植株的根、茎、叶及部分豆荚，可引起根腐、茎腐、植株矮化、枯萎等症状，甚至导致大豆植株死亡。带病种子播后引起种子和幼芽出土前腐烂，或出土后幼苗发生猝倒。主根或侧根等根系受害后变褐腐烂，甚至完全腐烂。病茎由基部至第一分枝处产生褐色水渍状病斑，湿度大时易发生溃疡腐烂，病斑可向上蔓延达多个分枝处（图2）。病斑延伸至叶柄，使叶柄基部变褐凹陷，叶片呈"八"字形下垂凋萎，但不脱落。成株期发病往往表现为植株叶片由下而上萎蔫发黄，植株逐渐枯萎死亡（图3、图4），剖检茎秆可见髓部维管束变褐坏死（图5）。豆荚受害多从基部开始，病斑呈水渍状，逐渐扩展到整个豆荚，最后整个豆荚变褐干枯（图6）。病荚中的豆粒也可受到侵染，豆粒表面无光泽，淡褐色至黑褐色，皱缩干瘪，部分种子表皮皱缩后呈网纹状，豆粒变小。大豆植株各部位受大豆疫霉侵染发病后，通常伴随腐生菌二次侵染而呈褐色或黑褐色腐烂，并产生大量子实体，不但加重大豆发病，而且容易导致误诊（图7）。该病同枯萎病不易区分。

图2　大豆疫病茎基部溃疡腐烂症状

图3　大豆疫病田间受害株

图4　大豆疫病为害叶片下垂凋萎、植株枯死症状

图5　大豆疫病茎秆髓部维管束变褐

图6　大豆疫病豆荚受害状　　　　图7　大豆疫病根茎部受腐生菌二次侵染

发生规律

大豆疫霉是典型的土壤真菌，只能以抗逆性很强的卵孢子随病残体在土壤中或混在种子中的土壤颗粒中越冬，成为翌年初侵染源。带有病菌的土粒被风雨吹溅到大豆上能引致初侵染，积水土中的游动孢子遇上大豆根以后，先形成休止孢子，后萌发侵入，产生菌丝在寄主细胞间蔓延，形成球状或指状吸器汲取营养，同时还可形成大量卵孢子。土壤中或病残体上卵孢子可存活多年。卵孢子经30 d休眠才能发芽。湿度高或多雨天气土壤黏重，易发病。重茬地发病重。

绿色防控技术

1. 植物检疫　我国已将本病病原列为全国农业植物检疫对象和进境植物检疫一类危险性有害生物，应严格执行植物检疫规定，特别要严格防止商品大豆中夹带土块，禁止种植带菌种子，防止病害向新区发展。

2. 农业措施

（1）选用抗（耐）病品种：由于大豆疫病的病原菌与大豆品种间存在基因对基因关系，目前已选育或鉴定出一批抗（耐）病品种和抗源材料，可根据当地情况选择种植。可选用绥农15号、绥农8号、吉林5号等抗性较强的品种。根据病原物生理小种或致病型变化，及时更新抗（耐）病品种，实行多个品种搭配与轮换种植，避免长期种植单一品种。

（2）合理轮作倒茬：避免连作，与玉米、水稻等禾本科作物实行3年以上轮作。

（3）科学播种：适当晚播，合理密植，采用平地垄作或顺坡开垄种植。

（4）清洁田园：及时拔除病株，集中深埋销毁。

（5）加强田间管理：适时中耕培土，防止土壤板结，增加土壤的渗透性，可减轻发病；避免在低洼、排水不良或黏重土地种植大豆，加强排水排涝，降低土壤湿度，减轻发病；收获后及时深翻土地。

3. 科学用药

（1）土壤处理：播种时沟施 5% 甲霜灵颗粒剂或缓释甲霜灵颗粒剂，可防止根部侵染。

（2）种子处理：播种前用种子重量 0.3% 的 35% 甲霜灵种子处理干粉剂拌种，或用 50% 甲霜灵·多菌灵种子处理可分散粉剂 150 g，或 400 g/L 萎锈灵·福美双悬浮剂 70~100 mL，或 25 g/L 咯菌腈悬浮种衣剂 8 ~10 g，或 25% 丁硫克百威·福美双悬浮种衣剂 250~300 g，拌 50 kg 大豆种子，堆闷阴干后播种。也可选用 25% 多菌灵·福美双按药剂：种子 =1 ∶（50~70），或 30% 福美双·克百威悬浮剂按药剂：种子 =1 ∶（50~75），或 38% 多菌灵·福美双·毒死蜱悬浮种衣剂按药剂：种子 =1 ∶（60~80），或 20.5% 多菌灵·福美双·甲维盐悬浮种衣剂按药剂：种子 =1 ∶（60~80）处理种子。

（3）药剂喷洒或浇灌防治：有效药剂有 25% 甲霜灵可湿性粉剂 800 倍液，或 58% 甲霜·锰锌可湿性粉剂 600 倍液，或 64% 霜·锰锌可湿性粉剂 900 倍液，或 72% 霜脲·锰锌可湿性粉剂 700 倍液，或 69% 烯酰·锰锌可湿性粉剂 900 倍液，或 64% 恶霜灵·代森锰锌可湿性粉剂 500 倍液，或 2% 宁南霉素水剂 300~400 倍液。

三、 大豆根腐病

分布与为害

　　大豆根腐病是一种为害严重、病原菌种类多而且防治较困难的世界性土传病害。近年来，此病在我国各大豆种植区均有发生，局部地区为害严重。大豆受害后，一般减产 5%~10%，严重的可达 50% 以上，甚至绝收，是影响大豆生产的主要病害之一（图 1）。

图 1　大豆根腐病大田为害状

症状特征

　　大豆根腐病由多种病原真菌引起。镰刀菌为主要致病菌，病株根部从根尖开始变色，水浸状，主根下半部先出现褐色条斑，以后逐渐扩大，表皮及皮层变黑腐烂，严重时主根下半部烂掉；叶片由下而上逐渐变黄；植株矮化，结荚少，严重时植株死亡。丝核菌引起的症状，自种子出芽即可发病，引起烂种，出苗几天后出现立枯病症状，幼苗茎基部及地表下的根部出现坏死斑，病斑开始为褐色、暗褐色或红色，之后病斑扩大引起绕茎（图2），茎及主根髓部变色（图3），病株生长减弱，生长中期出现猝倒或死亡，病株结荚少。立枯丝核菌还可引起大豆根部产生褐色至红褐色病斑，病斑呈不规则形，常连片形成，病斑凹陷；在潮湿条件下，病部表皮出现白色至粉红色霉层，部分病株还产生红色子囊壳；病株下部叶片叶脉间褪绿、发黄、干枯，并逐渐向上蔓延，生长停止，随后枯死。

图2 大豆根腐病茎部病斑绕茎症状

图3 大豆根腐病髓部受害状

发生规律

大豆根腐病在大豆种子萌发以后即可发生，根和靠近根表的茎是主要的侵染部位，侵入方式有伤口侵入、自然孔口侵入和直接侵入三种，直接侵入的较少。土温18℃左右，土壤长期保持适当湿度或稍干燥条件下，病菌的致病力最强，植株的发病程度也最严重。重茬、迎茬、多施氮肥、土壤黏重的地块发病重，平作比垄作发病重。大豆根潜蝇为害与根腐病发生呈高度正相关。

绿色防控技术

1. 农业措施

（1）选用抗耐病品种：可因地制宜选用中黄13、荷豆12等抗性较强的品种。

（2）清洁田园：田间发现病株应立即拔除，对发病株穴撒施石灰或药剂灌根，防止病菌扩散蔓延；大豆收获后及时清除田间病株残体，集中沤肥、销毁或深埋处理。

（3）合理轮作：最好水旱轮作，避免重茬、迎茬。

（4）科学播种：适当晚播，控制播深，实行深沟高畦栽培。

（5）加强田间管理：增施磷肥或有机肥，使用的有机肥要充分腐熟，不能混有上茬作物残体及腐烂物；合理中耕、深松培土，改善土壤透气条件，及时排除田间积水；地膜覆盖栽培，可有效防止土中病菌为害大豆植株地上部分；大豆收获后，尽量深耕深翻土壤，将表土残留的病菌翻入土壤深层，减少越冬菌源基数（图4）。

图4　土壤深耕深翻

2. 科学用药

（1）种子处理：播种前，按种子重量选用4%~5%的30%多·福·克悬浮种衣剂，或1.7%~2%的13%甲霜·多菌灵悬浮种衣剂，或0.6%~0.8%的2.5%咯菌腈悬浮种衣剂，或1%~1.3%的35.5%阿维·多·福悬浮种衣剂进行种子包衣，或用2%宁南霉素水剂500 mL均匀拌50 kg种子，然后堆闷阴干即可播种。

（2）药剂灌根：发病地块可用70%甲基硫菌灵可湿性粉剂1 000倍液，或50%多菌灵可湿性粉剂800~1 000倍液，或20%龙克菌悬浮剂500~600倍液，或4%农抗120水剂150~300倍液，或64%噁霜灵·代森锰锌可湿性粉剂500倍液，或25%甲霜灵可湿性粉剂800倍液灌根。

四、 大豆立枯病

分布与为害

大豆立枯病俗称"死棵""猝倒""黑根病",在我国各大豆种植区均有发生。本病的发生与为害情况因地区和年份有很大不同,病害严重年份,轻病田死株率在5%~10%,重病田死株率达30%以上,个别田块甚至全部死光,造成绝产(图1)。

图1 大豆立枯病病株枯死症状

症状特征

大豆立枯病主要为害幼苗或幼株,幼苗或幼株主根及近地面茎基部出现红褐色稍凹陷的病斑,皮层开裂呈溃疡状。幼苗受害严重时,茎基部变褐缢缩折倒而枯死。幼株受害往往表现为植株变黄、生长缓慢、植株矮小,茎基部红褐色,皮层开裂呈溃疡状(图2)。

图2 大豆立枯病茎基部溃疡状病斑

发生规律

病菌以菌丝体和菌核在土壤中越冬，成为翌年的初侵染源。本病为土壤习居菌引起的土传病害，病菌直接入侵大豆初生根系或次生根系，或由伤口侵入，引起发病后，病部长出菌丝继续向四周扩展，也有的形成子实体，产生担孢子在夜间飞散，落到植株叶片上，产生病斑。苗期遇低温和雨水大时易于发病。地势低洼、排水不良或土壤黏重的地块发病重。重茬地和高粱茬地发病重。地下害虫多、土质瘠薄、缺肥和大豆长势差的田块发病重。

绿色防控技术

1. 农业措施　选用抗病品种；施用充分腐熟的有机肥；与禾本科作物实行 3 年以上轮作；避免在低洼地种植大豆，加强排水排涝，防止地表湿度过大；合理密植，勤中耕除草，改善田间通风透光性；收获后及时清除田间遗留的病株残体，并深翻土地。

2. 调节土壤酸碱度　施用石灰调节土壤酸碱度，使之呈微碱性，用量每亩 50~100 kg。

3. 科学用药

（1）种子处理：播种前进行种子消毒或药剂拌种，可选用 50% 多菌灵可湿性粉剂或 50% 甲基硫菌灵可湿性粉剂按种子重量 0.5%~0.6% 的用量拌种，或用 70% 噁霉灵种子处理干粉剂按种子重量的 0.1%~0.2% 拌种，或用 50% 福美双可湿性粉剂按种子重量的 0.3% 拌种。

（2）药剂喷洒：发病初期，喷洒 50% 多菌灵可湿性粉剂 800~1 000 倍液，或 70% 乙磷·锰锌可湿性粉剂 500 倍液，或 58% 甲霜灵·锰锌可湿性粉剂 500 倍液，或 64% 杀毒矾可湿性粉剂 500 倍液，或 18% 甲霜胺·锰锌可湿性粉剂 600 倍液，或 69% 安克锰锌可湿性粉剂 1 000 倍液，或 69% 烯酰·锰锌可湿性粉剂 1 000 倍液，或 72.2% 霜霉威水剂 800 倍液，10 d 左右喷洒 1 次，连续防治 2~3 次。

五、　大豆茎枯病

分布与为害

大豆茎枯病主要发生于大豆生长的中后期，对植株生长发育无明显影响。在我国华北、华中和东北等地部分豆田有发生。

症状特征

大豆茎枯病主要为害茎部。受害茎初期生椭圆形灰褐色病斑，以后逐渐扩大成一块块黑色长条斑，上面密生小黑点（病菌分生孢子器）（图1）。该病初发生于茎下部，逐渐蔓延到茎上部，落叶后收获前植株茎上症状最为明显，易于识别。

图1　大豆茎枯病茎秆上黑色长条斑及密生的黑色小点

发生规律

病菌以分生孢子器在病残体上越冬，成为翌年初侵染源。翌年遇适宜的温、湿度条件，分生孢子器释放分生孢子，借风雨传播侵染发病。该菌寄生性较弱，一般在植株长势弱或接近成熟时开始发病。

绿色防控技术

主要采用农业措施防治：①选用抗耐病品种。②清洁田园：大豆收获后及时清除田间病株残体，秋翻土地，减少菌源。③合理轮作：实行轮作，避免连作，减轻发病。

六、　大豆枯萎病

分布与为害

　　大豆枯萎病是世界性发生的病害，曾造成 59% 的产量损失。该病在我国各大豆种植区呈零星发生，但为害严重，常造成植株死亡。近年在局部地区发生趋重。

症状特征

　　大豆枯萎病是系统性侵染整株性发生病害。发病植株生长矮小，染病初期，叶片由下向上逐渐变黄色至黄褐色萎蔫。幼苗发病后先萎蔫，茎软化，叶片褪绿或卷缩，呈青枯状，不脱落，叶柄也不下垂；病根发育不健全，幼株根系腐烂坏死，呈褐色并扩展至地上 3~5 节。成株期发病，病株叶片先从上往下萎蔫黄化枯死，一侧或侧枝先黄化萎蔫再累及全株（图 1）；病根褐色至深褐色，呈干枯状坏死，剖开病部根系，可见维管束变为褐色；病茎明显缢缩，有褐色坏死斑，在病健部结合处髓腔中可见到约 0.5 cm 的粉红色菌丝，病健结合处以上部分呈褐色水渍状。后期在病株茎的基部产生白色絮状菌丝和粉红色胶状

图 1　大豆枯萎病病株黄化萎蔫

物，即病原菌丝和分生孢子。病茎部维管束变为褐色，木质部及髓腔不变色（图2、图3）。

图2　大豆枯萎病病根、茎症状　　图3　大豆枯萎病茎部维管束褐变剖面症状

发生规律

本病为典型的土传病害，病菌由根部侵入导致整株发病。病菌以菌丝体、分生孢子和厚垣孢子随病残体在土壤中营腐生生活越冬，成为翌年的初侵染菌源。病菌通过幼根伤口侵入根部，然后进入导管系统，随蒸腾液流在导管内扩散，菌丝体充满木质导管或产生毒素，导致植株萎蔫枯死。在田间借灌溉水、昆虫或雨水溅射传播蔓延。高温高湿条件易发病。连作地、土质黏重、根系发育不良发病重。此外，大豆胞囊线虫密度大、根结线虫发生重的地块，枯萎病发生也较重。

绿色防控技术

1. 农业措施

（1）选用抗病品种：因地制宜选用皖豆28、中黄13、中黄51等抗枯萎病品种。

（2）合理轮作：与禾本科作物进行轮作或水旱轮作2~3年。

（3）土壤热力消毒：闲耕时，在气温较高，太阳辐射强烈的季节，在田间给土壤覆盖塑料薄膜，最好用双层膜，薄膜厚度25~30 μm即可，要保持土壤湿润，以增加病原休眠体的热敏性和热传导性。

（4）加强田间管理：施用酵素菌沤制的堆肥或充分腐熟的有机肥，

减少化肥施用量；选用排灌方便的田块，开好排水沟，达到雨停无积水；深翻灭茬、晒土，促使病残体分解，减少病源。

（5）清洁田园：及时清除病叶、病株，并带出田外销毁，病穴施生石灰或药剂。

2. 科学用药

（1）种子处理：种子处理是防治大豆枯萎病的主要措施，可用种子重量 1.2%~1.5% 的 35% 多·福·克悬浮种衣剂，或种子重量 0.2%~0.3% 的 2.5% 咯菌腈悬浮种衣剂，或种子重量 1.3% 的 2% 宁南霉素水剂拌种；也可用 50% 多菌灵可湿性粉剂 1 000 倍液，或 88.4% 三氯异氰尿酸 600 倍液，或 80% 乙蒜素乳油 5 000 倍液浸种。

（2）药剂喷淋：发病初期，可用 70% 甲基硫菌灵可湿性粉剂 800 倍液，或 50% 多菌灵可湿性粉剂 500 倍液，或 80% 乙蒜素乳油 4 000~6 000 倍液，或 10% 混合氨基酸铜络合物水剂 300 倍液，或 30% 噁霉灵水剂 600~800 倍液，或 50% 琥胶肥酸铜可湿性粉剂 500 倍液淋穴，每穴喷淋药液 300~500 mL，间隔 7 d 喷淋 1 次，防治 2~3 次。

七、 大豆褐斑病

分布与为害

　　大豆褐斑病在我国各豆区普遍发生，南方重于北方，主要为害叶片，造成叶片层层脱落，可致大豆减产 8%~15%。

症状特征

图1　大豆褐斑病叶片症状

　　大豆褐斑病主要为害叶片，多从植株基部叶片开始发病，逐渐向上扩展。子叶上病斑圆形，黄褐色，略凹陷，后期病斑干枯，上生微小黑点（分生孢子器）。成株期叶片上病斑受叶脉所限呈多角形，直径 1~5 mm，最初为黄褐色，以后逐渐变为褐色至黑褐色，后期病斑中央变灰褐色，上面产生许多小黑点。病害严重时叶片上病斑愈合成大斑块，致使病叶干枯，叶片自下而上逐渐脱落（图1~图3）。叶柄和茎受到为害时，产生暗褐色短条状边缘不清晰的病斑。荚上的病斑为不规则褐色斑点。

图2 大豆褐斑病叶片症状（正面）　　图3 大豆褐斑病叶片症状（背面）

发生规律

病菌以分生孢子器或菌丝体在大豆病叶、病荚等病残体或种子上越冬，成为翌年的初侵染源。种子带菌引致幼苗子叶发病。在病残体上越冬的病菌释放出分生孢子，借风雨传播，先侵染植株底部叶片引起发病，然后进行重复侵染，向上部叶片蔓延。侵染叶片的温度为16~32 ℃，28 ℃最适，潜育期10~12 d。温暖潮湿天气有利于侵染发病，夜间多雾和结露持续时间长，发病重。密植的大豆田发病重。

绿色防控技术

1. 农业措施

（1）选用抗耐病品种：因地制宜选种适合当地的高产优质抗（耐）病品种或无病种子，及时更新抗（耐）病品种，实行多个品种搭配与轮换种植，避免长期种植单一品种。

（2）合理轮作倒茬：避免连作，合理轮作倒茬，重病田与禾本科作物实行3年以上轮作。

（3）加强田间管理：合理施肥，施足基肥，施用充分腐熟的有机肥，增施磷钾肥，适时喷施叶面肥，特别是在大豆生长后期多喷施复合叶面肥，增强植株抗病性；雨后及时清沟排渍，降低田间湿度。

（4）清洁田园：大豆收获后及时清除田间病残体并深翻土地，减少菌源。

2. 科学用药

（1）种子处理：播种前用种子重量 0.3% 的 50% 多菌灵可湿性粉剂或 50% 福美双可湿性粉剂拌种。

（2）药剂喷洒：于发病初期喷洒 1% 武夷霉素水剂 400 倍液，或 3% 多抗霉素可湿性粉剂 1 000~ 2 000 倍液，或 75% 百菌清可湿性粉剂 600 倍液，或 50% 琥胶肥酸铜可湿性粉剂 500 倍液，或 14% 络氨铜水剂 300 倍液，或 77% 氢氧化铜可湿性粉剂 500 倍液，或 12% 松脂酸铜乳油 600 倍液，或 30% 碱式硫酸铜悬浮剂 300 倍液，间隔 10 d 左右防治 1 次，防治 1~2 次。

八、　大豆紫斑病

分布与为害

大豆紫斑病在我国各大豆种植区普遍发生。该病主要症状是形成紫斑病粒，病粒多龟裂、瘪小，丧失生活力，严重影响籽粒质量，但对产量影响不明显。感病品种的紫斑病粒率为15%~20%，严重时在50%以上。

症状特征

大豆紫斑病主要为害豆荚和豆粒，也可侵染叶和茎。苗期染病，子叶上产生褐色至赤褐色圆形斑，云纹状。真叶染病，初生紫色圆形小点，散生，扩展后形成多角形褐色或浅灰色斑（图1）。茎秆染病，形成长条状或梭形红褐色斑，严重的整个茎秆变成黑紫色，上生稀疏的灰黑色霉层。豆荚受害，形成圆形或不规则形病斑，病斑较大，灰黑色，边缘不明显，干后变黑，病荚内层生不规则紫色斑，内浅外深（图2）。豆粒受害，仅在种皮表现出症状，不深入内部（图3），病斑形状不定，大小不一；症状因品种及发病时期不同而有较大差异，多

图1　大豆紫斑病叶片症状

呈紫色，有的呈青黑色，在脐部四周形成浅紫色斑块，严重的整个豆粒变为紫色，有的龟裂（图4）。

图2　大豆紫斑病豆荚及茎秆受害状

图3　大豆紫斑病豆粒受害不深入内部

图4　大豆紫斑病豆粒受害状

发生规律

　　病菌以菌丝体潜伏在种皮内或以菌丝体和分生孢子在病残体上越冬，成为翌年的初侵染源。如播种带菌种子，病菌从种皮扩展到子叶，引起子叶发病并产生大量的分生孢子，然后借风雨传播到叶片、豆荚和籽粒上进行再侵染。大豆开花和结荚期多雨，气温偏高，发病重。连作地及早熟品种发病重。

绿色防控技术

1.农业措施

（1）选用抗病品种：因地制宜选种适合当地的高产优质抗病品种，一般抗病毒的品种比较抗紫斑病，播种时要严格精选种子，汰除病粒、秕粒。

（2）轮作倒茬：合理轮作倒茬，避免连作，重病田与禾本科作物或其他非寄主作物轮作2年以上。

（3）科学播种：适时播种，合理密植。

（4）清洁田园：大豆收获后及时清洁田园，清除田间病残体，集中深埋，深翻土壤，减少初侵染源。

（5）加强肥水管理：合理施肥，施足基肥，施用充分腐熟的有机肥，增施磷钾肥，适时喷施叶面肥，避免偏施氮肥；雨后及时清沟排渍，降低田间湿度。

2.科学用药

（1）种子处理：播种前，用50%福美双可湿性粉剂按种子重量的0.3%拌种，或用80%乙蒜素乳油5 000倍液浸种。

（2）药剂喷洒：开花始期、蕾期、结荚期、嫩荚期各喷1次30%碱式硫酸铜悬浮剂400倍液，或50%多·霉威可湿性粉剂1 000倍液，或80%乙蒜素乳油1 000~1 500倍液，或50%苯菌灵可湿性粉剂1 500倍液，或36%甲基硫菌灵悬浮剂500倍液；也可亩用50%多菌灵可湿性粉剂100 g，或25%丙环唑乳油40 mL，或50%异菌脲可湿性粉剂100 g，或1%武夷霉素水剂100~150 mL，对水50 kg，均匀喷雾。

九、 大豆黑斑病

分布与为害

大豆黑斑病在我国大豆种植区均有发生。该病常发生于大豆生育后期，对产量影响很小。大豆黑斑病菌还可侵染芹菜、甘蓝、莴苣、萝卜等多种作物，其寄主范围很广。

症状特征

大豆黑斑病病原菌主要为害叶片和豆荚。叶片染病，一般病斑呈不规则形，直径 5~10 mm，褐色，具同心轮纹，上生黑色霉层（分生孢子梗和分生孢子）（图1~图3）。荚上生圆形或不规则形黑斑，其上密生黑色霉层。荚皮破裂后侵染豆粒受害。

图1　大豆黑斑病叶片症状

 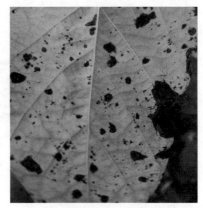

图2　大豆黑斑病受害严重叶片症状（正面）　图3　大豆黑斑病受害严重叶片症状（背面）

发生规律

病原物多为链格孢属病菌，以菌丝体或分生孢子在大豆病叶、病荚等病残体上越冬，成为翌年的初侵染源。病菌在田间借风雨传播，进行再侵染。高温多湿天气有利于发病。

绿色防控技术

1.农业措施

（1）种植抗病品种：实行多个品种搭配与轮换种植，避免长期种植单一品种。

（2）合理轮作：进行轮作倒茬，避免重茬或迎茬。

（3）清洁田园：大豆收获后及时清除病株残体并深翻土地，减少初侵染源。

（4）加强田间管理：合理密植，合理浇水，合理施肥，适时追肥，氮磷钾配合施用，减少氮肥的使用，合理利用根瘤菌固氮。

2.科学用药　发病严重的地块，在发病初期选用75%百菌清可湿性粉剂600倍液，或58%甲霜·锰锌可湿性粉剂500倍液，或25%丙环唑乳油2 000~3 000倍液，或3%多抗霉素可湿性粉剂1 000~2 000倍液，或64%霜·锰锌可湿性粉剂500倍液均匀喷雾，视病情间隔7~10 d喷施1次，连防2~3次。

十、 大豆霜霉病

分布与为害

大豆霜霉病在我国各大豆种植区均有发生。该病可引起叶片早落或凋萎，种子受害霉变，一般发病田可减产 6%~15%，种子受害率10% 左右，重发病田减产 30%~50%。

症状特征

大豆霜霉病主要为害幼苗或成株叶片、豆荚及豆粒。种子带菌可引起幼苗发生系统侵染，但子叶不表现症状，从第 1 对真叶基部出现褪绿斑块，沿主脉、侧脉扩展，造成全叶褪绿，以后全株的叶片均可显症。花期前后雨多或湿度大，病斑背面生灰色霉层，病叶转黄变褐而干枯。成株期叶片表面生圆形或不规则形病斑，黄绿色，边缘不清晰（图 1），后变褐色，叶片背面生灰白色至淡紫色霉层（图 2）。发病严重时，多个病斑汇合成大的斑块，使病叶干枯。豆荚染病外部症状不明显，但荚内常出现黄色霉层，即病菌菌丝和卵孢子，受害豆粒

图 1　大豆霜霉病叶片正面症状

发白、无光泽，表面附一层黄白色或灰白色粉末状霉层。

图2　大豆霜霉病叶片背面症状

发生规律

　　病菌以卵孢子在种子上或病荚、病叶等病残体上越冬，成为翌年的初侵染源，其中种子上附着的卵孢子是最主要初侵染源，病残体上的卵孢子侵染机会少。卵孢子随种子发芽而萌发，产生游动孢子，从寄主胚轴侵入，进入生长点，向全株蔓延成为系统侵染病害，病苗则成为田间再侵染源。病菌在田间主要借风雨传播。播种后低温多湿有利于侵染。豆株以展叶5~6 d时最易感病，8 d时已有抗病力。多雨年份发病严重。品种间抗性差异大。

绿色防控技术

1.农业措施

　　（1）选用抗病品种：因地制宜选用荷豆12、鲁豆10号、鲁豆11号、鲁豆13号、吉育1003、吉育204、吉密豆3号等抗病品种；播种时要严格清除病粒。

　　（2）合理轮作：大豆霜霉病菌卵孢子可在病茎、病叶上残留，在土壤中越冬，提倡与非豆科作物实行3年以上轮作。

　　（3）人工摘除：及时摘除病叶、病荚，减少初侵染源。

（4）加强田间管理：中耕除草，将病株残体清除到田外，集中销毁；增施磷、钾肥，提高植株抗病能力；雨后及时排渍，降低田间湿度。

2. 科学用药

（1）种子处理：播种前用种子重量 0.3% 的 90% 三乙膦酸铝可溶粉剂或 35% 甲霜灵种子处理干粉剂，或种子重量 0.5% 的 50% 福美双可湿性粉剂拌种。

（2）药剂喷洒：发病初期可喷洒 40% 百菌清悬浮剂 600 倍液，或 25% 甲霜灵可湿性粉剂 800 倍液，或 58% 甲霜·锰锌可湿性粉剂 600 倍液。对上述杀菌剂产生抗药性的地区，可改用 69% 烯酰·锰锌可湿性粉剂 900~1 000 倍液，或 50% 嘧菌酯水分散粒剂 2 000~2 500 倍液，或 72% 霜脲氰·代森锰锌可湿性粉剂 800~1 000 倍液。

十一、　大豆炭疽病

分布与为害

　　大豆炭疽病普遍发生于我国各大豆种植区，严重发生时减产50%以上。

症状特征

　　大豆炭疽病主要为害茎秆和豆荚，也可为害幼苗和叶片。种子带菌可引起出苗前或出苗后发生腐烂或猝倒症状，可侵染子叶产生暗褐色凹陷溃疡斑，病斑可扩展至整个子叶。气候潮湿时，子叶上的溃疡斑呈水浸状，子叶很快萎蔫、脱落。子叶上的病菌可从子叶扩展到叶柄和叶片上，引起叶柄发生溃疡，叶片发病可产生边缘深褐色、内部浅褐色的不规则形病斑，病斑上生粗糙刺毛状黑点，即分生孢子盘（图1）。茎秆上病斑为椭圆形或不规则形，初生红褐色，渐变为褐色，最后变为灰色，其上密布不规则排列的小黑点。豆荚上病斑圆形或不规则形，红褐色，后变为灰褐色，有时呈溃疡状，略凹陷，

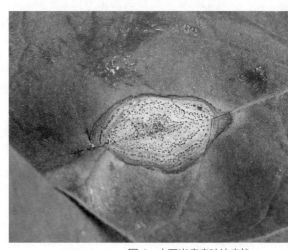

图1　大豆炭疽病叶片症状

其上密生轮纹状排列的小黑点。植株受害严重时，病荚不能结实或荚内种子发霉，豆粒呈暗褐色皱缩干瘪。

发生规律

病菌以菌丝体或分生孢子盘在病株或病种上越冬，成为翌年的初侵染源。种子带菌或大豆苗期遇低温，大豆发芽出土慢，容易引起幼苗发病。大豆各生育期都可感病，但在开花至鼓粒期最易感病。高温多雨年份发病重。

绿色防控技术

1. 农业措施

（1）精选良种：选取种子时要优先选择具有抗病基因或不带病虫害的种子，播种前精选种子，清除病粒。

（2）合理轮作：与非寄主植物实行3年以上轮作。

（3）清洁田园：大豆田发现有发病迹象的豆苗要及时清除，避免感染其他幼苗；收获后及时清理田间病株残体，集中烧毁或深翻埋入地下。

（4）叶面追肥：在大豆初花期、结荚初期、鼓粒期分别进行叶面追肥。参考配方为每亩施尿素300 g + 磷酸二氢钾150 g。第1次用车载机械或无人机喷洒均可，第2、3次以无人机喷洒为主，精准施肥，喷液量要充足，不重喷、不漏喷，从而减少在生长期出现发病情况。

（5）加强田间管理：勤除田间杂草，及时中耕培土；雨后注意排除积水，降低田间湿度；大豆收获后深翻土壤，减少越冬菌源。

2. 科学用药

（1）种子处理：播种前用种子重量0.4%~0.5%的50%多菌灵可湿性粉剂或50%异菌脲可湿性粉剂，或种子重量0.3%的50%福美双可湿性粉剂，或种子重量0.4%的丙森锌拌种，拌后闷种3~4 h，也可用种子重量0.3%的10%福美·拌种灵悬浮种衣剂包衣。

（2）药剂喷雾：在大豆开花后，可选用75%百菌清可湿性粉剂800倍液，或70%甲基硫菌灵可湿性粉剂700倍液，或50%多菌灵可湿性粉剂600倍液，或25%溴菌腈可湿性粉剂500倍液，或47%

春雷·王铜可湿性粉剂 600 倍液，或 50% 咪鲜胺可湿性粉剂 1 000 倍液，或 25% 多菌灵可湿性粉剂 500~600 倍液 +75% 百菌清可湿性粉剂 800~1 000 倍液，或 70% 甲基硫菌灵可湿性粉剂 800 倍液 +70% 丙森锌可湿性粉剂 600~800 倍液，或 25% 溴菌腈可湿性粉剂 2 000~2 500 倍液 +80% 炭疽福美（福美双·福美锌）可湿性粉剂 800~1 000 倍液，每隔 10 d 喷施 1 次，视病情连喷 2~3 次。

十二、 大豆灰斑病

分布与为害

　　大豆灰斑病又称斑点病或蛙眼病，是世界性病害，也是我国大豆主产区的重要病害。病害流行年份，可造成大豆减产 5%~10%，严重时减产 30%~50%，蛋白质和油分含量均不同程度降低。

症状特征

　　大豆灰斑病对大豆叶、茎、荚、籽实均能造成为害，尤以侵害叶片为重，子叶上病斑圆形、半圆形或椭圆形，深褐色，略凹陷；叶片上病斑多为圆形、椭圆形或不规则形，中央灰白色，边缘红褐色（图 1~图 3），气候潮湿时叶片背面生密集的灰色霉层（分生孢子梗和分生孢子），严重时一个叶片上可生几十个病斑，似出"疹子"（图 4、图 5），叶片提早干枯脱落。茎和叶柄上在结荚后产生椭圆形或纺锤形病斑，中央褐色，边缘红褐色，后期中央灰色，边缘黑褐色，其上密布微细的小黑点。荚上病斑圆形或椭圆形，中央灰色，边缘黑褐色（图 6）。病粒上病斑圆形或不规则形，中央灰色，边缘红褐色，形似蛙眼，粗糙不平。

图 1　大豆灰斑病叶片症状

图2　大豆生长后期灰斑病为害叶片症状
（正面）

图3　大豆生长后期灰斑病为害叶片症状
（背面）

图4　大豆灰斑病受害严重叶片症状
（正面）

图5　大豆灰斑病受害严重叶片背面密生
灰色霉层

图6　大豆灰斑病豆荚受害状

发生规律

大豆灰斑病病菌以分生孢子或菌丝体在种子或病株上越冬，成为翌年的侵染源。播带病种子，病菌直接为害子叶，造成幼苗发病。发病子叶产生分生孢子，借气流传播，再次传染成株期大豆。在病株体内越冬的菌丝团，在温湿度适宜时，便产生分生孢子，直接为害成株期叶片和茎部。苗期受害程度与种子带菌率的高低和播种后到出苗期的土壤温湿度有关。种子带菌率高，发病重。播种后到出苗期低温、高湿发病重。抗病品种发病轻。

绿色防控技术

1. 农业措施

（1）选用抗病品种：因地制宜，合理选种垦垦 332、合成 75、巴 211、绥农 36、东升 6 号、蒙科豆 5 号、吉育 259、吉育 1003、吉密豆 3 号等抗性较好的品种，选用抗病品种时应注意品种合理布局，避免品种单一化，做到合理搭配和轮换。另外，播种前要严格精选种子，汰除病粒。

（2）合理轮作：进行轮作倒茬，避免重茬或迎茬。

（3）清洁田园：及时清除田间病株残体，并带出田外深埋或销毁。

（4）加强栽培管理：及时中耕除草，排除田间积水，减轻发病；改善通风透光条件，增施有机肥，辅以化肥，增强大豆生长势，提高抗病能力，也能对病害起到抑制作用；大豆收获后，及时翻耕土壤，减少越冬菌源。

2. 抗逆诱导
如采用 8.10 mg/L 的东莨菪素对大豆种子进行包衣，有利于种子萌发，且对幼苗植株生长、大豆粒数和百粒重都有显著的促生增产作用。

3. 科学用药
大豆开花结荚期是最佳防治时期，亩选用 50% 异菌脲可湿性粉剂 100 g，或 1% 武夷霉素水剂 100~150 mL，对水 50 kg 喷雾；也可选用 50% 多菌灵可湿性粉剂 500~800 倍液，或 70% 甲基硫菌灵可湿性粉剂 500~800 倍液，或 70% 代森锰锌可湿性粉剂 500 倍液，或 3% 多抗霉素可湿性粉剂 1 000~2 000 倍液，或 50% 苯菌灵可湿性粉剂 500 倍液，或 5% 多菌灵·乙霉威可湿性粉剂 800 倍液，间隔 7~10 d 喷 1 次，连续防治 2~3 次。

十三、 大豆耙点病

分布与为害

　　大豆耙点病是大豆生产中的常见病害，在全国各地分布普遍，除为害大豆外，还为害蓖麻、棉花、豇豆、黄瓜、菜豆、小豆、辣椒、芝麻、番茄、西瓜等多种作物。

症状特征

　　大豆耙点病主要为害叶片、叶柄、茎、荚及种子。叶片上病斑圆形或不规则形，直径 10~15 mm，浅红褐色，病斑四周多具有浅黄绿色晕圈，病斑较大时会有轮纹，可造成早期落叶（图1）。叶柄、茎上病斑长条形，暗褐色。病荚上病斑圆形，稍凹陷，中间暗紫色，四周褐色，发生严重时豆荚上密生黑色霉状物。

图1 大豆耙点病叶片症状

发生规律

病菌以菌丝体或分生孢子在病株残体上越冬，成为翌年初侵染菌源，也可在休闲地的土壤里存活 2 年以上。多雨和相对湿度在 80% 以上时，易造成发病。

绿色防控技术

1. 农业措施　从无病株上留种并进行种子消毒；与非寄主植物实行 3 年以上轮作；选择排水良好、高燥地块种植大豆，播种前深翻土地，施足底肥，保持较好的底墒，雨后及时排水；大豆收获后及时清除田间的病残体，深翻土地，减少菌源。

2. 科学用药

（1）种子处理：做好种子消毒处理，播种前可用种子重量 0.3%~0.5% 的 80% 多菌灵微粒剂或 50% 多菌灵可湿性粉剂，或用种子重量 0.4% 的 70% 代森锌可湿性粉剂，或用种子重量 0.3% 的 50% 福美双可湿性粉剂拌种；也可用 40% 卫福胶悬剂（福美双 + 萎锈灵）250 mL 拌种子 100 kg。堆闷 3~4 h 后播种。

（2）药剂喷雾：发病初期，可选用 50% 异菌脲可湿性粉剂 600~800 倍液，或 50% 咪鲜胺锰盐可湿性粉剂 1 000~2 000 倍液，或 47% 春雷霉素·氧氯化铜可湿性粉剂 800~1 000 倍液，或 25% 溴菌腈可湿性粉剂 2 000 倍液，或 50% 多菌灵可湿性粉剂 600 倍液，或 70% 甲基硫菌灵可湿性粉剂 600~800 倍液 +70% 代森锰锌可湿性粉剂 500~600 倍液；或 50% 噻菌灵可湿性粉剂 600~800 倍液 +70% 多霉灵可湿性粉剂 800~1 000 倍液，或 50% 腐霉利可湿性粉剂 800 倍液 +75% 百菌清可湿性粉剂 800 倍液，或 50% 异菌脲可湿性粉剂 800 倍液 +50% 福美双可湿性粉剂 500 倍液喷雾，视病情间隔 7~10 d 防治 1 次，连续防治 2~3 次。

十四、 大豆灰星病

分布与为害

大豆灰星病在东北、华北及广东、广西、四川、湖北、河南等地大豆种植区均有发生，发病严重时引起落叶，植株焦枯死亡。

症状特征

大豆灰星病主要为害叶片，也可为害叶柄、茎和豆荚。叶片上病斑圆形、卵圆形或不规则形，直径2~5 mm，初为淡褐色，有极细的暗褐色边缘，后期病斑呈灰白色，有时破裂穿孔，病斑上有明显的小黑点（分生孢子器）（图1）。豆荚上病斑圆形，有淡红色边缘，病荚里的种子亦可受害。叶柄和茎上病斑长条形，淡灰色或黄褐色，有淡紫色或褐色边缘。

图1 大豆灰星病叶片症状

发生规律

病菌以子囊孢子和分生孢子器在大豆叶片等病株残体上越冬，成为翌年的初侵染源。翌年环境适合，病斑上产生的分生孢子，借风雨传播进行多次再侵染。在冷凉、湿润的气候条件下发病重，可引起大豆早期落叶。

绿色防控技术

1. 农业措施 因地制宜选用抗病品种；精选无病种子，淘汰病粒；大豆生长期适时浇水，雨后防止田间积水，降低田间温度；大豆收获后及时清除田间病株残体并深翻土地，减少菌源；发病严重田块，与禾本科作物实行 3 年以上轮作。

2. 科学用药

（1）种子处理：播种前，可用种子重量 0.3% 的 50% 福美双可湿性粉剂拌种。

（2）药剂喷雾：于发病初期喷施 25% 氟硅唑·咪鲜胺 500 倍液，或 75% 百菌清可湿性粉剂 700 倍液，或 36% 甲基硫菌灵悬浮剂 500 倍液，或 50% 多菌灵可湿性粉剂 800 倍液，或 50% 甲基硫菌灵·硫黄悬浮剂 700 倍液，或 40% 多硫悬浮剂 400 倍液等，均匀喷施，视病害发生情况，每隔 7~10 d 防治 1 次，连续防治 3 次。

十五、 大豆细菌斑点病

分布与为害

大豆细菌斑点病在我国各大豆种植区均有发生。发病重时可造成叶片提早脱落而减产。

症状特征

大豆细菌斑点病主要为害大豆叶片，也可为害幼苗、叶柄、茎、豆荚及豆粒。幼苗染病，子叶生半圆形或近圆形褐色斑。叶片病斑初期呈褪绿小斑点，半透明水浸状，渐变为黄色至淡褐色，扩大后呈多角形或不规则形，直径 3~4 mm，病斑中间深褐色至黑褐色，外围具一圈窄的褪绿晕环。植株受害严重时，病斑密布叶片，病斑融合后成枯死斑块，病斑中央常破裂脱落（图1）。湿度大时，叶上病斑背面常溢出白色菌脓。叶柄及茎部染病，病斑初呈暗褐色水渍状长条形，扩展后为不规则状，稍凹陷。豆荚上病斑初为红褐色小点，后变黑褐色，多集中于豆荚合缝处。种子上病斑呈不规则形，褐色，上覆一层细菌菌脓。

图1　大豆细菌性斑点病叶片症状

发生规律

病菌在种子或病残体上越冬，成为翌年的初侵染源。病菌在未腐烂的病叶中可存活1年，在土壤中不能永久存活。播种带菌种子，出苗后即可发病，成为该病扩展中心，病菌借风雨传播蔓延。多雨、低温的天气利于发病，尤其是暴风雨后，叶面伤口多，有利于病菌侵入，发病重。

绿色防控技术

1. 农业措施

（1）选用抗病品种：因地制宜选用丹豆4号、吉农1号、吉林30、合丰15、合丰18、黑农9号、黑河18和黑农25等抗性较好的品种。注意品种合理布局，避免品种单一化，做到合理搭配和轮换。重病区切勿种植感病品种，以防造成病害大流行。另外，播种前要严格精选种子，选用健康种子，汰除病粒。

（2）合理轮作：与禾本科作物及棉、麻、薯类等作物进行3年以上轮作。

（3）清洁田园：收获后及时收集田间病株残体做燃料或堆肥，减少菌源。

（4）加强田间管理：施用日本酵素菌沤制的堆肥或充分腐熟的有机肥；大豆收获后及时深翻土地，将病株残体深埋，加速病残体腐烂，减少越冬菌源。

2. 科学用药

（1）种子处理：播种前按种子重量0.3%的50%福美双可湿性粉剂，或0.5%~1%的20%噻菌铜悬浮剂，进行拌种。

（2）药剂喷雾：发病初期喷洒，可用1%武夷霉素水剂100~150倍液，或2%菌克毒克（宁南霉素）水剂250~300倍液，或30%碱式硫酸铜悬浮剂400倍液，或72%新植霉素3 000~4 000倍液，或30%琥胶肥酸铜悬浮剂500倍液，或20%噻菌铜悬浮剂500倍液，或15%络氨铜水剂500倍液，或30%绿氧化铜悬浮剂800倍液，或50%多菌灵悬浮液400倍液，或47%春雷霉素·氟氯化铜可湿性粉剂500~800倍液，或12%松脂酸铜乳油600倍液，视病情防治1~2次。

十六、 大豆细菌性斑疹病

分布与为害

大豆细菌性斑疹病又称大豆细菌性叶烧病，在国内南北方大豆种植区均有发生，从幼苗到成株均可发病为害，除侵染大豆外，还可为害菜豆（图1）。

图1 大豆细菌性斑疹病大田为害症状

症状特征

大豆细菌性斑疹病主要为害叶片、叶柄、茎部、豆荚等。受害叶片病斑初呈浅绿色小点，后变红褐色，病斑直径1~2 mm，因病斑中央叶肉组织细胞分裂快，体积增大，细胞木栓化隆起，形成小疱状斑，表皮破裂后似火山口，成为斑疹状，发病严重时叶上病斑累累，融合后形成大块褐色枯斑，似火烧状（图2、图3）。豆荚发病初生红褐色

图2 大豆细菌性斑疹病叶片疱状斑及斑疹症状

图3 大豆细菌性斑疹病叶片疱状斑及斑疹（似火山口）症状局部放大

圆形小点，后变成黑褐色枯斑。

发生规律

病菌主要在带病种子及病残体上越冬，成为翌年的初侵染源，在田间借风雨传播进行再侵染。大豆开花期至收获前发病较多。

绿色防控技术

1. 农业措施

（1）选用抗病品种：因地制宜，合理选用苏鲜21、徐豆16、滁豆1号、六丰、黑农26、南农99-6、南农39、南农493-1、徐豆16等抗病性较好的品种，也可选种美国品种NH5、D76-1609等，不能盲目追求产量而在病害发生区种植感病品种。播种前要精选无病种子，剔除病粒、坏粒。

（2）合理轮作：与禾本科作物实行3~4年轮作。

（3）消灭菌源：大豆收获后及时清除田间的病株残体，并集中深埋，促使病残体加速腐烂，减少越冬菌源；重病田要深翻土壤，消灭病害初侵染源。

（4）加强肥水管理：及时培土，田间的积水也要及时排出；合理施肥，施用腐熟农家肥。

2. 科学用药

（1）种子处理：可用种子重量0.3%的50%福美双可湿性粉剂拌种。

（2）药剂喷雾：发病初期可选用30%碱式硫酸铜悬浮剂400倍液，或30%氧氯化铜悬浮剂800倍液，或30%琥胶肥酸铜悬浮剂500倍液，或20%噻菌铜悬浮剂500倍液喷雾。每7 d喷1次，遇阴雨天气可推后3 d喷药，连续喷2~3次。

十七、大豆细菌性角斑病

分布与为害

　　大豆细菌性角斑病除为害大豆外，还为害小豆、豇豆等豆科植物。

症状特征

　　大豆细菌性角斑病可为害幼苗、叶片、叶柄、茎及豆荚。叶片受害，初生水渍状浅绿色小斑点，后逐渐扩大到1~2 mm，淡褐色，因受叶脉限制，病斑呈多角形（图1）；湿度大时，病斑上产生白色黏液；发病严重时，病斑密集成片，病叶收缩，干枯死亡。子叶、叶柄、茎及豆荚上的病斑症状与叶片症状相似。

图1　大豆细菌性角斑病大田为害症状

发生规律

病菌在种子或随病株残体在土壤中越冬，成为翌年的侵染来源。播带病种子，可引起幼苗发病。大豆细菌性角斑病点片发生规律明显，常与褐斑病、耙点病、缺素病混合发生。病害的扩大再侵染是通过风、雨、气流、农事操作等途径传播。在山间冷凉区、坡岗地、间作地块、正茬地块、施钾肥地块、种子包衣地块发病轻；在高温、多雨、地势低洼、管理不当、连作、蚜虫发生重的地块发病重，磷、钾肥不足时发病也重。

绿色防控技术

1. 农业措施 选用抗病性强的品种，精选无病种子；施用充分腐熟的有机肥；田间病株及时清除，减少田间病源；大豆收获后及时深翻土地，将病株残体深埋，加速病残体腐烂。

2. 科学用药 发病初期可用 30% 碱式硫酸铜悬浮剂 400 倍液，或 72% 新植霉素 3 000~4 000 倍液，或 30% 琥胶肥酸铜悬浮剂 500 倍液，或 20% 噻菌铜悬浮剂 500 倍液，或 15% 络氨铜水剂 500 倍液，或 5% 菌毒清水剂 500 倍液喷雾，每隔 10 d 喷 1 次，连喷 2~3 次。

十八、　大豆孢囊线虫病

分布与为害

大豆孢囊线虫病在我国多数大豆种植区均有发生，一般轻发病田减产 10%~20%，重发病田减产 30%~50%，甚至绝收（图 1）。病原线虫可寄生于豆科、玄参科等 170 余种植物上。

图 1　大豆孢囊线虫病大田为害状

症状特征

在大豆整个生育期，孢囊线虫均能为害，主要为害根部。苗期受害，病株子叶和真叶变黄，生育停滞枯萎。被害植株矮小，花芽簇生，节间短缩，叶片黄化，开花期延迟，不能结荚或结荚少，重病株花及嫩荚枯萎，整株叶片由下向上枯黄似火烧状（图 2）。被寄生植物的主根一侧鼓包或破裂，露出白色亮晶微小如面粉粒的孢囊，侧根发育不良，须根增多，严重时整个根系呈发丝状须根团（图3、图4）。被害根很少或不结瘤；由于孢囊撑破根皮，根液外渗，导致次生土传根病加重或造成根腐。

图2 大豆孢囊线虫病为害地上部症状

图3 大豆孢囊线虫病为害根部症状

图4 大豆孢囊线虫病根部孢囊及为害呈发丝状须根团

发生规律

　　大豆孢囊线虫是一种定居型内寄生线虫。以卵、胚胎卵和少量幼虫在孢囊内于土壤中越冬，有的黏附于种子或农具上越冬，成为翌年初侵染源。孢囊角质层厚，在土壤中可存活10年以上。孢囊线虫自身蠕动距离有限，主要通过农事耕作、田间水流或借风携带传播，也可通过混入未腐熟堆肥或种子携带远距离传播。虫卵越冬后，以2龄幼虫破壳进入土中活动，寻找大豆幼苗根系侵入，寄生于根的皮层中，以口针吸食，虫体露于其外。雌雄交配后，雄虫死亡。雌虫体内形成卵粒，卵粒膨大变为孢囊。孢囊落入土中，卵孵化可再侵染。土壤内线虫量大，是发病和流行的主要因素。盐碱土、沙质土地块发病重。连作田发病重。

绿色防控技术

1. 农业措施

（1）选用抗（耐）病品种：播种时，选用中黄 13、晋豆 34 号等适合当地种植的抗（耐）病品种。

（2）实行轮作：与玉米、高粱等禾本科作物实行 3~5 年轮作，水旱轮作防效更好，避免连作、重茬。

（3）加强肥水管理：施足基肥和种肥，早施追肥与叶面肥，增强植株抗病力；通过增施有机肥和绿肥改良土壤性质，促进大豆健康生长，提高抗病力，亦能促进土壤中的有益微生物的生长，有效减轻孢囊线虫的为害。适时灌水，增加土壤湿度，减轻为害。

（4）减少侵染源：对发病地块单独收获，及时清除田间散落的病株残体和根茬，减少初侵染源；对于无病田，应严防孢囊线虫的传入。

2. 科学用药

（1）种子处理：播种前用按种子重量的 0.5% 的 35% 甲基环硫磷乳油或 35% 乙基环硫磷乳油拌种，或每 10 kg 种子用 35% 多菌灵·福美双·克百威悬浮种衣剂 60 g 包衣，也可用 35.6% 阿维·多·福悬浮种衣剂按药剂∶种子 = 1∶（80~100），或 20.5% 多·福·甲维盐悬浮种衣剂按药剂∶种子 =1∶（60~80）进行种子包衣。

（2）土壤处理：每亩可选用 0.5% 阿维菌素颗粒剂 2~3 kg，或 12.5% 噻唑磷颗粒剂 1.5 kg，或 3% 克线磷颗粒剂 5 kg，拌适量干细土混匀，在播种时撒入播种沟内。

（3）土壤消毒：播种前 15~20 d，亩用 98% 棉隆微粒剂 5~6 kg，深施在播种行沟底，覆土压平密闭 15 d 以上。为避免土壤受二次侵染，农家肥一定要在土壤消毒前施入。另外，因棉隆具有灭生性，所以生物药肥不能与之同时使用。

十九、 大豆菟丝子

分布与为害

　　大豆菟丝子为寄生性种子植物，普遍发生于我国各大豆产区。在大豆苗期开始为害，菟丝子以茎蔓缠绕大豆，产生吸盘伸入大豆茎内吸取养分，导致受害大豆茎叶变黄、矮小、结荚少，一般受害田减产5%~10%，严重的减产可达40%以上，甚至造成全株黄枯而死（图1、图2）。

图1　大豆菟丝子田间为害状（1）　　　　图2　大豆菟丝子田间为害状（2）

症状特征

　　大豆菟丝子无根，叶呈鳞片状、膜质。茎黄色，纤细，光滑无毛，缠绕于大豆茎上（图3），其茎与大豆的茎接触后产生吸器，附着在大豆表面吸收营养和水分，营寄生生活（图4、图5）。花黄白色，多簇生在一起，呈绣球状。花梗短粗，苞片2个，花萼及花冠5裂，基部相连呈杯状，花药卵形。蒴果扁球形，外包萼片和花冠（图6）。种子椭圆形，大小为（1~1.5）mm×（0.9~1.2）mm，浅黄褐色或黑褐色，表面粗糙。

图3　大豆菟丝子茎缠绕症状

图4　大豆菟丝子缠绕为害状

图5　处于花期的大豆菟丝子为害状

图6　大豆菟丝子果实

发生规律

大豆菟丝子主要靠种子传播，以成熟的种子脱落在土壤中或混入大豆种子或粪肥中休眠越冬，适时进行传播。越冬后的种子，翌年春末夏初，当温湿度适宜时开始萌发，长出淡黄色细丝状的幼苗。随后不断生长，藤茎上端部分在空中旋转，向四周伸出，当碰到寄主植物时，便紧贴其上缠绕，在其接触点形成吸盘，并伸入寄主体内吸取水分和养料，此期植物茎基部逐渐腐烂或干枯，藤茎上部分与土壤脱离，靠吸盘从寄主体内获得水分、养料，不断分枝生长，开花结果，繁殖蔓延为害。夏季阴雨连绵，湿度大，菟丝子蔓延很快，对大豆的为害也很大。

绿色防控技术

1. 农业措施 大豆菟丝子种子可在土壤中存活多年，且有分期发芽的特点。成熟后落入土中的种子、混杂在大豆种子以及有机肥中的种子，是主要的初侵染来源。控制大豆菟丝子为害，必须多措并举。

（1）精选种子：在大豆成熟时，缠绕在大豆上的藤茎结有大量种子，在大豆收割前如不清除，会随同大豆一起收回，翌年又随大豆种子一起播种混入田间，也可随种子调运远距离传播，因而要尽可能不从有菟丝子的田内留种，不从有菟丝子的区域购种、调种，防止病害传播。如收获了含菟丝子种子的豆种，因菟丝子种子小、轻，千粒重仅 1 g 左右，在播种前或调运前，必须用过筛方法或风选清除混杂在豆种中的菟丝子种子。

（2）合理轮作换茬：菟丝子不能寄生在禾本科作物上。与小麦、玉米等禾本科作物轮作 2~3 年，或与水稻实行水旱轮作 1~2 年，可以减轻其为害。

（3）深翻土壤：菟丝子幼苗生长细弱，幼苗出土能力低，种子在土表 5 cm 以下不易萌发出土，大豆收获后深翻 20 cm 以上，将土表菟丝子种子深埋，抑制菟丝子种子萌发，可以减少菟丝子出苗率。

（4）肥料充分腐熟：畜禽吃了含菟丝子种子的饲料后，经过畜禽消化道后仍有生命力，因而含有菟丝子的畜禽粪便肥等有机肥必须充分腐熟，使菟丝子种子失去发芽力或沤烂，然后才能施入豆田。

（5）宽行条播：菟丝子出苗后 2~3 d，若找不到合适的寄主就会死亡。实行宽行条播种植，可以降低菟丝子幼苗成活率，减轻为害。

（6）人工拔除：大豆出苗后要经常踏田监测，一旦发现有菟丝子缠绕在大豆上，应及时将受侵大豆植株拔除，并将清除的菟丝子残体连同脱落在地面的断枝一并带出田外，远离大豆田集中销毁。

2. 生物防治 菟丝子蔓延初期，喷洒鲁保 1 号生物制剂，药剂浓度为 1 mL 水含活孢子数 1 000 万 ~5 000 万个，即每亩用 250~400 g 药剂对水 100 kg 喷雾，以傍晚或阴雨天喷洒为宜，间隔 5~7 d 喷 1 次，连续喷 2~3 次。喷药前，要打断菟丝子，造成人为伤口，便于菌剂侵入，提高防效。药液应现配现用，配药要用井水，不要用沟水、坑水，防止这些水经太阳晒后因温度高而易杀死药剂孢子，影响防治效果。

3. 科学用药

（1）土壤封闭处理：播前或播后苗前，亩用 48% 仲丁灵乳油 250 mL，或 43% 甲草胺乳油 250 mL，或 72% 异丙甲草胺乳油 150 mL，或 86% 乙草胺乳油 100~170 mL，对水 30~50 kg 喷施。如天气干旱墒情差，在大豆播前施药，施药后立即浅耙松土，把药物混入 3~5 cm 土层中，然后播种；在大豆播后苗前将药液喷施于土表即可。

（2）茎叶处理：在大豆第 4 片复叶长出后（此前易发生药害），菟丝子开始转株为害时，可用 48% 仲丁灵乳油 100~200 倍液，或 10% 草甘膦乳油 400 倍液，喷施有菟丝子寄生的植株，不要让药液蘸到其他植株上，否则易产生药害。施药后每隔 10 d 再查治 1 次，共查治 3 次。另外，也可在大豆出苗、菟丝子缠绕初期，每亩用 48% 拉索乳油 200 mL，对水 30 kg 均匀喷雾。防除菟丝子要立足"早"字，突出"准"字：喷药适期是菟丝子缠绕开始转株为害时，最迟不得超过 3 株，药只能喷在有菟丝子为害的植株上，菟丝子的先端一定要着到药；另外，要注意风向，防止药液飘移或喷洒到无菟丝子为害的大豆植株上。

二十、 大豆涝害

分布与为害

大豆涝害包括水淹和渍害。水淹是指洪灾或大雨后大豆植株浸泡在水中，地表有明水的现象；大豆渍害发生在排水不畅、降水量偏多的地块，田间土壤长时间处于水分饱和状态。渍害是淮河以南地区大豆产区的主要自然灾害之一，每年都会在局部地区发生，雨水偏多年份会出现全流域性的渍害。渍害在春大豆全生育期都有可能发生，夏、秋大豆上多发生在花荚期以前。在我国北方春大豆区和黄淮海流域夏大豆区，遇到雨水偏多年份，低凹地也会发生阶段性渍害。

症状特征

大豆遭受水淹、渍害后，由于根系缺氧，易造成烂根、烂叶、落花、落荚，植株生长势弱，导致减产，严重的造成植株死亡（图1、图2）。

图1 大豆渍害症状

另外，涝害还会使病害加重，有时会形成大范围的次生灾害。据研究，大豆花荚期受涝 2~10 d，就会减产 10%~40%。

图 2 大豆水淹症状

绿色防控技术

对于大豆不同生育期可能或已经出现的涝害，要及时防治、及早消除。

（1）播种期：实行深沟高畦栽培，垄高达到 25 cm 以上，低洼地适当加大垄高，同时要有良好的排灌条件，利于排除积水，降低大豆田地下水位。

（2）苗期：播种后如遇连阴雨天气出现田间积水，要及时排出，若积水时间较长，造成烂根、死苗，引起缺苗断垄严重的，要及时补种、重种或改种其他作物。

（3）结荚期：大豆结荚期出现涝害，一是要及时中耕培土，破除土壤板结，防止沤根、倒伏。二是增施速效肥，植株恢复生长前，用 0.2%~0.3% 磷酸二氢钾溶液，或 2%~3% 过磷酸钙浸出液，加 0.5%~1% 尿素溶液、氨基酸等进行叶面喷肥；在植株恢复生长后，可适当对根部追施磷、钾肥，提高植株抗倒能力。三是要及时调查田间病虫害发生情况，水排干后可选用多菌灵等药剂防治根腐病、立枯病、炭疽病等病害。

二十一、 大豆药害

分布与为害

凡药剂对作物生长发育产生不良的后果，均称为药害。在大豆田农药使用过程中，由于农药品种选择错误、使用浓度过大、使用时期及使用方法不当等原因，常造成大豆药害，导致大豆品质下降，减产，甚至绝收（图1、图2）。

图1　除草剂使用不当的药害症状（1）

图2　除草剂使用不当的药害症状（2）

症状特征

1. 触杀性类型药害　杀虫剂、杀菌剂使用浓度过高，使用期不当，高温下施药，易引发触杀性类型药害，一般在几小时到几天就出现药害，表现为叶片烫伤，呈水渍状，或出现枯斑、条纹、变色、卷缩、焦枯等。如敌敌畏施药浓度高、敌百虫在大豆苗期用药等的不当使用。

2. 异噁草松药害　异噁草松可以用于大豆田，但在不良条件下可能发生药害。如在大豆播后芽前过量喷施，可能会抑制豆苗生长，使叶片出现红褐色斑点、白化、皱缩等不良反应,随大豆长势会逐渐恢复;大豆生长期施药过量,可出现叶片黄化、枯焦。在低温干旱天气条件下,受害轻者会缓慢恢复生长,受害重者叶片逐渐枯死,在高温干旱天气会加重药害。

3. 乙草胺、甲草胺、异丙草胺、丁草胺等酰胺类除草剂药害 乙草胺、甲草胺、异丙草胺、丁草胺等是大豆田重要的除草剂,在大豆播后芽前施用时对大豆相对安全,但遇到持续低温高湿天气或过量施用时,可能发生抑制大豆生长、新叶皱缩等一定程度的药害(图3、图4)。另外,酰胺类除草剂中的苯噻草胺、敌稗不能用于大豆田除草,如果误用或飘移到大豆田,会产生药害——大豆出苗稀少、长势弱、子叶肿大、真叶畸形皱缩;药害严重时,大量叶片和心叶受害枯萎,严重影响大豆生长,以致绝收。

图3 施用精异丙甲草胺后叶片药害症状　图4 施用精异丙甲草胺后大豆田药害症状

4. 2,4-D丁酯药害 大豆对2,4-D丁酯敏感,受害后的典型症状是大豆茎叶扭曲并加重,心叶皱缩成杯状,重者逐渐枯死。

5. 乙氧氟草醚、乙羧氟草醚氟磺胺草醚、三氟羧草醚、乳氟禾草灵等二苯醚类除草剂药害 该类除草剂是大豆田的重要除草剂,但对大豆安全性较差,在正常施药情况下也会使大豆产生不同程度的接触型药害,如乙氧氟草醚在大豆播后芽前使用,会造成大豆心叶畸形、叶片上出现黄褐斑,但随大豆生长会逐渐恢复;乙羧氟草醚、氟磺胺草醚、三氟羧草醚用于大豆生长期除草,施药后可使大豆叶片上出现黄褐斑,一般药害轻时,随着新叶发出而恢复长势,但药害严重时,会造成叶片枯焦、心叶坏死，严重影响大豆生长（图5、图6）。

图5　乙羧氟草醚药害症状

图6　施用乙羧氟草醚后随大豆生长发出的正常新叶

6.百草枯药害　百草枯属灭生性除草剂，使用不当或产生飘移，使大豆着药后，受害叶片斑点性枯死，受害轻者心叶未死，随新叶长出，长势逐渐恢复，严重时茎叶全部焦枯。

绿色防控技术

选好农药，做到对症施药，严格按操作规程正确科学使用，注意不同农药的施药时期，避免在高温下施药。

发生药害要视药害程度采取措施：

（1）喷清水冲洗：如喷施杀虫剂或除草剂过量或邻近敏感作物遭受药害，可打开喷灌装置或用喷雾器，连续喷2~3遍清水，可清除和减少叶片上农药残留。

（2）足量浇水：及时浇水，使根系大量吸水，降低大豆植株体内有害物质的相对浓度，对药害有一定缓解作用。

（3）查田补种：对药害严重，造成缺苗断垄的地块，应及时补种，尽可能降低药害损失程度。

（4）摘除受害枝叶：及时摘除遭受药害后的褪绿变色枝叶，遏制药剂在植株内渗透传导。

（5）追肥、中耕：一方面施用速效、优质叶面肥加植物生长调节剂（芸薹素内酯）等，对水全田喷雾，提高大豆的抗逆性，促进受害植株快速恢复正常生长；另一方面结合中耕松土，增加地温和土壤通气性，促进根系发育，增强其抗逆能力，减轻药害程度。

第三部分

大豆害虫田间识别与绿色防控

一、 豆蚜

分布与为害

豆蚜在我国各大豆种植区均有发生。豆蚜除为害大豆外，还为害野生大豆、鼠李、圆叶鼠李等。成蚜、若蚜集中在豆株的顶部嫩叶、嫩茎上刺吸汁液，严重时布满整个植株的茎、叶和豆荚（图1~图3），造成大豆茎叶卷缩，根系发育不良，分枝结荚减少。苗期发生严重时可致整株枯死。轻者可致减产 20%~30%，重者可致减产 50% 以上。此外，豆蚜还可传播大豆花叶病毒病。

图1 大豆茎秆被害状

图2 大豆叶片被害状

图3 大豆豆荚被害状

形态特征

豆蚜具有多型多态现象。

（1）有翅孤雌蚜：长椭圆形，体长 1~1.6 mm，头、胸黑色，腹部黄绿色。触角 6 节，与体等长，第 6 节鞭状部长于基部 4 倍；腹管圆筒形，黑色，基部比端部粗 2 倍，上有瓦片状纹；尾片黑色，圆锥形，具长毛 7~10 根；臀板末端钝圆，多细毛。

（2）无翅孤雌蚜：与有翅孤雌蚜相似，无翅，黄白色。触角 5 节，短于体长。腹管黑色，圆筒形，基部稍宽，有瓦片状纹（图 4）。

（3）雌性蚜：形态与无翅孤雌蚜相似，但进行有性繁殖。

（4）雄蚜：有翅，体狭长，腹部瘦小弯曲，外生殖器明显，有抱器 1 对和阳具。

（5）卵：长椭圆形，初产时黄色，渐变为绿色，最后变为光亮的黑色。

（6）若蚜：形态似成虫，无翅（图 5）。

图 4　大豆蚜无翅孤雌蚜

图 5　大豆蚜若蚜

发生规律

豆蚜在东北 1 年发生 10 多代，在河南、山东等地 1 年发生约 20 代，以卵在鼠李和圆叶鼠李枝条上芽侧或缝隙中越冬。翌年春季，鼠李芽鳞转绿到开绽，日均温高于 10 ℃时，豆蚜越冬卵孵化为干母（无翅孤雌蚜），孤雌胎生繁殖 1~2 代后，产生有翅孤雌蚜迁飞至大豆田，孤雌繁殖为害大豆幼苗。6 月下旬至 7 月中旬进入为害盛期，多集中在植株顶梢和嫩叶上吸食汁液。8 月后由于气温和营养条件逐渐对蚜虫不利，蚜量随之减少。9月初，气温下降，开始产生有翅母蚜迁回鼠李上，产生能产卵的无翅雌蚜与从大豆田迁飞来的有翅雄蚜交配，又把卵产在鼠李上越冬。6月下旬至7月上旬，旬平均温度22~25 ℃，相对湿度低于78%，有利于其大发生。

绿色防控技术

1. 农业措施

（1）选用抗蚜品种：因地制宜选用优良抗蚜品种，如早生、国育100-4、安东福寿等，播种前晒种，精选种粒，去除瘪小病粒。

（2）清洁田园：苗期中耕除草，及时铲除田边、沟边杂草，减少虫源。

（3）加强肥水管理：施足基肥，增施磷肥、钾肥、钙肥，施用充分腐熟的有机肥、草木灰；遇干旱适时浇水，大雨后及时排水降湿，防止田间过干或过湿。

2. 理化诱控 利用蚜虫对不同颜色的趋向性和趋避性防治。

（1）银膜驱避：使用银灰色薄膜对苗期蚜虫有明显驱避作用，在田间和四周覆盖或悬挂银灰色薄膜（图6）。

图6 银灰色薄膜

（2）黄板诱杀：利用蚜虫的趋黄性，在有翅蚜迁飞期，田内悬挂黄色黏板诱杀有翅成虫。可购置规格为24 cm×20 cm的黄板，也可以自制成大小为30 cm×20 cm的"黄板"，在上面涂上10号机油，悬挂于豆田行间，高于大豆植株15~20 cm，每亩20~30片，当色板上黏虫面积达到板表面积的60%以上时更换或刷掉虫子重新涂油（图7）。

3. 生态调控 如大豆与玉米

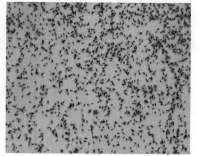

图7 黄板诱杀蚜虫

按照8:2间作，对大豆蚜虫控制效果较好；大豆田套种油菜可有效增殖豆田天敌数量。

4. 生物防治

（1）保护利用天敌：豆蚜的天敌种类较多，主要有瓢虫、草蛉、食蚜蝇、小花蝽、蚜小蜂、烟蚜茧蜂、菜蚜茧蜂、草间小黑蛛等天敌，对蚜虫的控制效果比较明显，要注意保护利用和释放（图8~图11）。避免在天敌高峰期、对药剂敏感期用药，当瓢虫与蚜虫比达1:（80~100）时，或天敌总数与蚜虫比为1:40时，

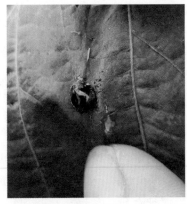

图8　瓢虫

图9　黑带食蚜蝇成虫

图10　蜘蛛

可利用天敌控制蚜虫，而不必施用农药。

（2）生物制剂防治：每亩可选用200万个/mL耳霉菌悬浮剂150~200 mL，或1.5%苦参碱可溶液剂30~40 mL，或2.5%鱼藤酮悬浮剂100~150 mL，或5%桉油精可溶液剂70~100 g，或1.5%除虫菊素水乳剂80~160 mL，或0.6%烟

图11　田间释放天敌瓢虫

碱·苦参碱乳油 60~120 mL 等，对水 50~60 kg 喷雾；也可选用 10% 多杀霉素悬浮剂 2 000~3 000 倍液，或 1.8% 阿维菌素乳油 2 000~4 000 倍液，或 0.5% 藜芦碱可溶液剂 600~800 倍液，或 0.3% 印楝素乳油 300~500 倍液，或 1% 苦参·印楝素可溶液剂 600~1 000 倍液，或 1.8% 虫菊·苦参碱水乳剂 1 000~1 500 倍液等，均匀喷雾。间隔 7~10 d 防治 1 次，连续防治 2~3 次。

5. 科学用药 防治蚜虫宜早不宜晚，不仅要控制其直接为害，更重要的是预防病毒病的发生为害。应做到防治蚜虫与预防病毒病相结合，田内大豆与田外寄主相结合。

（1）种子处理：播种前，可选用种子重量 3.3%~5.0% 的 15% 噻呋·呋虫胺种子处理分散粉剂，或 0.5%~0.6% 的 35% 噻虫·福·萎锈悬浮种衣剂，或 1.0%~1.4% 的 16% 噻虫·高氯氟种子处理微囊悬浮剂，或 0.4%~0.6% 的 35% 苯甲·吡虫啉种子处理悬浮剂，或 0.7%~1.0% 的 30% 吡·萎·福美双种子处理悬浮剂等包衣或拌种。

（2）药剂喷洒：当田间卷叶株率达 5%~10%，或有蚜株率达 20%~30%，或百株蚜量 1 000 头以上时，可亩用 30% 甲氰·氧乐果乳油 30~40 mL，或 20% 氰戊菊酯乳油 10~20 mL，或 4% 高氯·吡虫啉乳油 30~40 mL，或 5% 啶虫脒乳油 20~40 mL，或 3% 甲维·啶虫脒微乳剂 40~50 mL，或 50% 抗蚜威水分散粒剂 10~15 mL，对水 40~50 kg，均匀喷雾；也可选用 20% 哒嗪硫磷乳油 800 倍液，或 25% 噻嗪酮可湿性粉剂 1 000~2 000 倍液，或 10% 氟啶虫酰胺水分散粒剂 2 500~5 000 倍液，或 600 g/L 吡虫啉悬浮剂 8 000~10 000 倍液，或 1% 阿维·氯氟微乳剂 800~1 000 倍液，或 25% 辛·氰乳油 1 000~1 500 倍液，或 40% 氟虫·乙多素水分散粒剂 2 000~4 000 倍液等喷雾防治。喷药时可加入 0.03% 的有机硅或 0.2% 洗衣粉作为展着剂，间隔 7~10 d 防治 1 次，连续防治 2~3 次，药剂交替施用，可兼治蓟马、小绿叶蝉、白粉虱等害虫。

二、 豆天蛾

分布与为害

豆天蛾在我国各大豆种植区均有发生。主要寄主植物有大豆、绿豆、豇豆和刺槐等。以幼虫取食大豆叶片，低龄幼虫可将叶片吃成网孔和缺刻（图1），高龄幼虫大发生时，可将豆株吃成光秆，使之不能结荚，局部甚至可暴发成灾。

图1　豆天蛾幼虫为害豆叶成网状和缺刻状

形态特征

（1）成虫：体长40~45 mm，翅展100~120 mm。体、翅黄褐色，有的略带绿色。头、胸背面有暗紫色纵线，腹部背面各节后缘有棕黑色横纹。前翅狭长，有6条浓色的波状横纹，近顶角有1个三角形褐色斑。后翅小，暗褐色，基部和后角附近黄褐色（图2），豆天蛾成虫的雌雄体态差异不大，雌蛾肚子比较大，雄蛾的尾部比较尖（图3）。

（2）卵：椭圆形或球形，初产时黄白色，孵化前变褐色（图4）。

（3）幼虫：5龄老熟幼虫体长约90 mm，黄绿色，体表密生黄色小突起。腹部每节两侧各有7条向背面后方倾斜的黄白色斜线。臀背具尾角1个，短而向下弯曲（图5~图7）。

（4）蛹：长约50 mm，红褐色。头部口器突出，略呈钩状，腹末臀棘三角形。

图2　豆天蛾成虫

图3　豆天蛾雌雄成虫（左♀，右♂）

图4　豆天蛾卵

图5　豆天蛾幼虫

图6　豆天蛾幼虫腹面

图7　豆天蛾幼虫蜕皮

发生规律

豆天蛾在河南、河北、山东、江苏等省1年发生1代，湖北1年发生2代。以老熟幼虫在9~12 cm土层越冬，越冬场所多在豆田及其附近土堆边、田埂等向阳地。1代发生区，豆天蛾一般在6月中旬当表土温度达24 ℃左右时化蛹，7月上旬为羽化盛期，7月中下旬至8月上旬为产卵盛期，7月下旬至8月下旬为幼虫发生盛期，9月上旬幼虫老熟入土越冬。2代发生区，豆天蛾5月上旬化蛹和羽化，第1代幼虫发生期在5月下旬至7月上旬，第2代幼虫发生期在7月下旬至9月上旬，其中8月中下旬为为害高峰期，9月中旬后幼虫老熟入土越冬。成虫昼伏夜出，白天栖息于生长茂盛的作物茎秆中部，傍晚开始活动，飞翔力强，可做远距离高飞，有喜食花蜜的习性，对黑光灯有较强的趋性。成虫交尾后3 d即能产卵，卵多散产于豆株叶背面，少数产在叶正面和茎秆上，每叶1粒或多粒，每头雌虫平均产卵350粒，卵期6~8 d。幼虫共5龄，初孵幼虫有背光性，3龄后因食量增大有转株为害习性。豆天蛾在化蛹和羽化期间，如果雨水适中，分布均匀，发生重；雨水过多，则发生期推迟；天气干旱不利于豆天蛾的发生。植株生长茂密，地势低洼，土壤肥沃的淤地发生较重。大豆品种不同，受害程度有异，以早熟、秆叶柔软、蛋白质和脂肪含量高的品种受害较重。

绿色防控技术

1. 农业措施

（1）选用抗虫品种：选择成熟晚、秆硬、皮厚、抗涝性强的抗虫品种。

（2）人工捕杀：当幼虫虫龄达4龄以上时，可进行人工捕杀或剪刀剪杀。

（3）加强田间管理：及时秋耕，深翻土壤（图8），随犁拾虫，消灭土壤中老熟幼虫；适时冬灌，

图8　深翻土壤

降低越冬基数。

2. 理化诱控 利用成虫较强的趋光性,设置频振式杀虫灯、黑光灯等诱杀成虫。可每30~50亩安装一盏频振式杀虫灯,悬挂高度1.5~2 m,一般6月中旬开始开灯,9月中旬撤灯,每日开灯时间为19时至次日凌晨5时(图9、图10)。可兼诱棉铃虫、甜菜夜蛾、斜纹夜蛾、蛴螬、地老虎等害虫。

图 9　太阳能杀虫灯诱杀

图 10　频振式杀虫灯诱杀

3. 生态调控 与玉米等高秆作物进行间作,阻碍成虫在大豆上产卵;与其他作物间作套种,可显著减轻受害程度。

4. 生物防治

(1)保护利用天敌:豆天蛾天敌主要有赤眼蜂(图11、图12)、

图 11　赤眼蜂

图 12　赤眼蜂卵卡和卵球

寄生蝇、草蛉、瓢虫（图 13）等，
要注意保护利用和释放。

（2）生物制剂防治：用杀螟杆
菌或青虫菌（每克含孢子量 80
亿 ~100 亿）500~700 倍液；可亩用
10% 多杀霉素悬浮剂 30 mL，对水
30 kg，或 16 000 IU/mg 苏云金杆菌
可湿性粉剂 300~500 倍液，或 20%
灭幼脲悬浮剂 800 倍液，喷雾防治。

图 13　天敌瓢虫卵卡

5. 科学用药　于幼虫 3 龄前喷药防治。可选用 15% 茚虫威悬浮剂
3 000 倍液，或 15% 丁烯氟虫腈悬浮剂 3 000 倍液，或 45% 马拉硫磷
乳油 1 000~1 500 倍液，或 21% 氰戊菊酯·马拉硫磷乳油 3 000 倍液，
或 50% 辛硫磷乳油 1500 倍液，或 20% 杀灭菊酯乳油 2 000 倍液，或 4.5%
高效氯氰菊酯乳油 1 500~2 000 倍液，或 0.5% 甲维盐乳油 1 500 倍液，
均匀喷雾。由于幼虫有昼伏夜出习性，喷药时间应选在下午 5 时以后。

三、 甜菜夜蛾

分布与为害

甜菜夜蛾又称贪夜蛾、玉米小夜蛾，该虫分布广泛，在我国各地均有发生。寄主植物有 170 余种，除为害大豆外，还为害芝麻、花生、玉米、麻类、烟草、棉花、甜菜、青椒、茄子、马铃薯、黄瓜、西葫芦、豇豆、架豆、茴香、胡萝卜、芹菜、菠菜、韭菜、大葱等多种作物。初孵幼虫群集叶背，吐丝结网，在网内取食叶肉，留下表皮，形成透明的小孔。3 龄后分散为害，可将叶片吃成孔洞或缺刻，严重时仅剩叶脉和叶柄，造成幼苗死亡，缺苗断垄，甚至毁种，对产量影响较大（图 1）。

图 1 甜菜夜蛾为害状

形态特征

（1）成虫：体长 8~10 mm，翅展 19~25 mm，灰褐色，头、胸有

黑点。前翅中央近前缘外方有1个肾形斑，内方有1个土红色圆形斑；后翅银白色，翅脉及缘线黑褐色（图2）。

（2）卵：圆球状，白色，成块产于叶面或叶背，每块8~100粒不等，排成1~3层，因外面覆有雌蛾脱落的白色或淡黄色绒毛，因此不能直接看到卵粒（图3~图5）。

图2　甜菜夜蛾成虫

图3　甜菜夜蛾卵（外面覆有绒毛）

图4　甜菜夜蛾卵粒　　　　图5　甜菜夜蛾正孵化卵

（3）幼虫：共5龄，少数6龄。末龄幼虫体长约22 mm，体色变化很大，有绿色、暗绿色、黄褐色、褐色至黑褐色，背线有或无，颜色各异。腹部气门下线为明显的黄白色纵带，有时带粉红色，直达腹部末端，但不弯到臀足上去，是区别于甘蓝夜蛾的重要特征。各节气门后上方具1个明显白点（图6）。

（4）蛹：长10 mm，黄褐色，中胸气门外突（图7）。

图6　不同体色甜菜夜蛾幼虫

图7　甜菜夜蛾蛹

发生规律

甜菜夜蛾在黄河流域1年发生4~5代，长江流域1年发生5~7代，世代重叠。通常以蛹在土室内越冬，少数以老熟幼虫在杂草上及土缝中越冬，冬暖时仍见少量取食。亚热带和热带地区可周年发生，无越冬休眠现象。成虫昼伏夜出，白天隐藏在杂草、土块、土缝、枯枝落叶处，夜间出来活动。有两个活动高峰期，即晚7~10时和早5~7时进行取食、交配、产卵。成虫趋光性强。卵多产于叶背面、叶柄部或杂草上，卵块1~3层排列，上覆白色或淡黄色绒毛。幼虫共5龄（少数6龄），3龄前群集为害，但食量小，4龄后食量大增，昼伏夜出，有假死性，虫口过大时幼虫可互相残杀。幼虫转株为害常从下午6时以后开始，凌晨3~5时活动虫量最多。常年发生期为7~9月，南方如春季雨水少、梅雨明显提前、夏季炎热，则秋季发生严重。幼虫和蛹抗寒力弱，北方地区越冬死亡率高，只间歇性局部猖獗为害。

绿色防控技术

1. 农业措施

（1）清洁田园：春季及时铲除田间及周边杂草，破坏害虫栖息和产卵场所，消灭杂草上的初龄幼虫和卵块；幼虫化蛹盛期中耕培土灭茬，消灭浅土层幼虫及蛹，降低成虫羽化率。

（2）加强田间管理：合理施肥，施足基肥，增施磷肥、钾肥、钙肥和充分腐熟的有机肥；整治田间排灌系统，夏天干旱时合理灌水，增加土壤湿度，恶化甜菜夜蛾生存环境；秋末冬初耕翻土壤，灌冻水，消灭越冬蛹。

（3）人工捕杀：结合田间管理，抖动受害植株茎叶，幼虫假死掉落地面，人工捕捉大龄幼虫。在卵盛期，结合农事操作，人工抹杀卵块和低龄幼虫群（图8）。

图8　人工捕杀幼虫和抹杀卵块

2. 理化诱控

利用甜菜夜蛾成虫的趋光性、趋化性等进行诱杀，将其消灭在为害之前。

（1）灯光诱杀：在成虫发生期，集中连片应用频振式杀虫灯、450 W高压汞灯、20 W黑光灯诱杀成虫，可兼诱棉铃虫、地老虎、金龟子等多种害虫。

（2）糖醋液诱杀：在成虫发生期配置糖醋液（图9）诱杀。将红糖、醋、高度白酒、水和胃毒杀虫剂等，按一定比例配制成糖醋液（糖：醋：酒：水 = 3：4：1：2，或6：3：1：10，加1份或少量80%敌百虫可溶粉剂等杀虫剂调匀），倒入盆等广口容器内，放置到田间或地边的支架上，高出大豆植株顶部30~50 cm，每亩放置3~5个，对成虫有良好

图9　配制糖醋液

的诱杀效果。或者用甘薯、胡萝卜、豆饼等发酵液，加入适量杀虫药剂拌匀，倒入盆等容器内，放在田间及周边，也可诱杀成虫。

（3）性诱剂诱杀：利用甜菜夜蛾性诱剂诱杀雄成虫。在田间安置甜菜夜蛾性诱剂诱捕器（图10），等距网格式顺行分布，悬挂高度距地面1~1.5 m，一般每亩安置1~2

套，30~40 d更换1次诱芯。或者自制诱捕装置（图11），选用直径约30 cm的水盆，注水至盆缘2~3 cm或2/3处，水中加入少许煤油或洗衣粉混匀，将1~2个甜菜夜蛾性诱剂诱芯固定在水盆上方，悬挂高度距水面1~3 cm，每3 d清理1次死虫，并及时补充盆内因蒸发失去的水分。根据产品性能，定期更换诱芯。

图10　甜菜夜蛾性诱剂诱捕器

图11　自制的甜菜夜蛾性诱剂诱捕器

（4）枝把诱杀：将长50~70 cm、直径约1 cm的半枯萎带叶的杨树、柳树枝条，每5~10根捆成一把，上紧下松呈伞形，傍晚插摆在田间，高出大豆20~30 cm，每亩10~15把。每天早晨露水未干时集中捕杀隐藏其中的成虫。注意白天将枝把置于阴湿处，7~10 d后及时更换新枝。在枝把叶片上喷蘸90%敌百虫可溶粉剂100~200倍液，可提高诱杀效果，还可诱杀棉铃虫、斜纹夜蛾、银纹夜蛾等。

（5）食饵诱杀：650 g/L夜蛾利它素饵剂等食诱剂对很多害虫有强烈的吸引作用。在甜菜夜蛾羽化始盛期，将食诱剂与水按一定比例和适量胃毒杀虫剂混匀，倒入盘形容器内，放入田间或周边（图12、图13），及时检查补充水分。或者用背负式喷雾器等喷淋到植株叶片上，每带喷20 m长，间隔50~100 m喷一带，在成虫盛期，间隔5~7 d喷1次。可诱杀取食补充营养的甜菜夜蛾及棉铃虫、银纹夜蛾、金龟子等害虫成虫。

图12 食诱剂装置

图13 食诱剂诱捕的害虫

3. 生物防治

（1）保护利用自然天敌：甜菜夜蛾的天敌种类较多，主要有拟澳洲赤眼蜂、螟蛉悬茧姬蜂、步甲（图14、图15）、瓢虫、草蛉（图16）、蜘蛛、蛙、鸟雀及绿僵菌、白僵菌、苏云金杆菌、核型多角体病毒、微孢子虫等，对甜菜夜蛾的暴发有十分重要的控制作用，要注意保护利用。

图14 天敌——步甲

（2）人工释放赤眼蜂：在甜菜夜蛾成虫产卵初期至卵盛期，在田中间放置松毛虫赤眼蜂等赤眼蜂卵卡或卵球，每亩放蜂1.2万~2万头，分2~3次释放，赤眼蜂扩散

图 15　步甲幼虫正在吃豆田甜菜夜蛾

半径可达 50 m，但以 10~15 m 为宜，田间首个放置点距地边 10~15 m，间隔 20~30 m 放置下一个。释放赤眼蜂时，注意田间湿度在 50% 以上，防止阳光直射和雨水冲刷，否则影响赤眼蜂羽化。大面积成片投放，防控效果更佳。

图 16　天敌——草蛉

（3）生物制剂防治：在卵孵化盛期至低龄幼虫期，亩用 5 亿 PIB/g 甜菜夜蛾核型多角体病毒悬浮剂 120~160 mL，或 16 000 IU/mg 苏云金杆菌可湿性粉剂 50~100 g，或 1% 苦皮藤素水乳剂 100~120 mL，或 0.5% 苦参碱水剂 80~100 mL，对水 40~60 kg，均匀喷雾。

4. 科学用药　于 1~3 龄幼虫高峰期，用 20% 灭幼脲悬浮剂 800 倍液，或 5% 氟铃脲乳油 3 000 倍液，或 5% 氟虫脲分散剂 3 000 倍液，或 10% 溴氰虫酰胺可分散油悬浮剂 2 000~3 000 倍液，或 24% 甲氧虫酰肼悬浮剂 2 000~4 000 倍液，或 22% 氰氟虫腙悬浮剂 500~1 000 倍液，或 3% 甲维·氟铃脲乳油 1 000~2 000 倍液等均匀喷雾。甜菜夜蛾幼虫晴天傍晚 6 时后会向植株上部迁移，因此，应在傍晚喷药防治，注意叶面、叶背均匀喷雾，使药液能直接喷到虫体及其为害部位。

四、斜纹夜蛾

分布与为害

　　斜纹夜蛾又名莲纹夜蛾、斜纹夜盗蛾，在我国各地均有分布，以长江流域和黄河流域发生严重。此虫食性杂，寄主植物广泛，除为害豆类（图1）外，还可为害甘蓝、白菜、莲藕、芋头、苋菜、马铃薯、茄子、辣椒、番茄、瓜类、菠菜、韭菜、葱类等，还为害甘薯、花生、芝麻、烟草、向日葵、甜菜、玉米、高粱、水稻、棉花等多种作物。以幼虫为害大豆叶片为主，低龄幼虫在叶背取食下表皮和叶肉，留下上表皮和叶脉形成窗纱状；高龄幼虫可蛀食豆荚（图2），取食叶片形成孔洞和缺刻（图3）。种群数量大时可将植株吃成光秆或仅留叶脉。

图1　大豆田间受害状

图2 斜纹夜蛾蛀食豆荚

图3 斜纹夜蛾为害大豆叶片

形态特征

（1）成虫：体长 14~21 mm，翅展 33~42 mm。体深褐色，头、胸、腹褐色。前翅灰褐色，内外横线灰白色，有白色条纹和波浪纹，前翅环纹及肾纹白边；后翅半透明，白色，外缘前半部褐色（图4、图5）。

图4 斜纹夜蛾成虫（1）

图5 斜纹夜蛾成虫（2）

（2）卵：半球形，卵粒常常3~4层重叠成块，卵块椭圆形，上覆黄褐色绒毛（图6）。

（3）幼虫：体长 35~47 mm，头部黑褐色，胸腹部颜色变化较大，虫口密度大时体黑色，数量少时多为土黄色或绿色。成熟幼虫背线及气门下线灰白色，中胸及第9腹节

图6 斜纹夜蛾卵

背面各有近似半月形或三角形黑褐色斑 1 对，各节气门前上方或上方各有 1 个黑褐色不规则斑点（图 7~图 9）。

图 7　斜纹夜蛾初孵幼虫

图 8　斜纹夜蛾低龄幼虫

图 9　不同体色的斜纹夜蛾幼虫

（4）蛹：赤褐色至暗褐色。腹第 4 节背面前缘及第 5~7 节背、腹面前缘密布圆形刻点。气门黑褐色，呈椭圆形。腹端有臀棘 1 对，短，尖端不成钩状（图 10）。

图 10　斜纹夜蛾蛹

发生规律

斜纹夜蛾在长江流域 1 年发生 5~6 代,黄河流域 1 年发生 4~5 代,华南地区可终年繁殖。6~10 月为发生期,以 7~8 月为害严重。以蛹越冬,翌年 3 月羽化。成虫昼伏夜出,白天静伏在土表、土缝、繁茂植物的叶背、落叶下、杂草丛中等,黄昏开始活动,对灯光、糖醋液、发酵的胡萝卜和豆饼等有强趋性。成虫有随气流迁飞习性,早春由南向北迁飞,秋天又由北向南迁飞。卵块上面覆盖绒毛。幼虫共 6 龄,老熟幼虫做土室或在枯叶下化蛹。初孵幼虫群栖,能吐丝随风扩散。2 龄后分散为害,3 龄后多隐藏于荫蔽处,4 龄后进入暴食期,以晚上 9~12 时取食量最大。斜纹夜蛾为喜温性害虫,最适温度 28~30 ℃,抗寒力弱。水肥条件好、生长茂密田块发生严重。土壤干燥对其化蛹和羽化不利,大雨和暴雨对低龄幼虫和蛹均有不利影响。

绿色防控技术

1. 农业措施

(1)选用抗(耐)虫品种:培育抗(耐)虫性强的品种,选用优质、抗虫、耐害性强的品种。

(2)清洁田园:作物收获后,及时清除枯枝落叶,铲除田间及周边杂草,破坏或恶化害虫滋生环境,有助于减少虫源。

(3)加强田间管理:平衡施肥;秋末冬初耕翻土壤,精细整地,通过机械损伤、不良气候影响或让天敌侵食等,消灭部分越冬蛹。冬季灌冻水,恶化斜纹夜蛾越冬生存环境,降低虫口密度。

(4)人工捕杀:卵盛发期,晴天上午 9 时前或下午 4 时后,迎着阳光人工摘除卵块或初孵"虫窝"。

2. 理化诱控

利用频振式杀虫灯、黑光灯、糖醋液、性诱剂(图 11)或豆饼、甘薯发酵液诱杀成虫。或者自制诱捕装置(图 12),选用直径约 30 cm 的水盆等容器,注水至边缘 2~3 cm 或 2/3 处,水中加入少许煤油或洗衣粉混匀,将 1~2 个性诱剂诱芯固定在水盆上方,高度距水面 1~3 cm,每 3 d 清理 1 次死虫,并及时补充盆内因蒸发失去的水分。根据产品性能,定期更换诱芯。

图 11 性诱剂诱捕器　　　　图 12 自制性诱剂诱捕装置

3. 生态调控 在田间地头以零星或条带式栽植斜纹夜蛾比较喜食的棉花、甘蓝、大葱、蓖麻、芋头等作物，引诱成虫产卵，然后集中消灭。

4. 生物防治

（1）利用自然天敌：斜纹夜蛾自然天敌主要有草蛉、猎蝽、螳螂（图 13）、蜘蛛（图 14）、步甲、青蛙、蟾蜍、鸟雀及菌类等，作物田尽量少用化学农药，可减少对天敌的杀伤。

图 13 天敌——螳螂　　　　图 14 蜘蛛捕食斜纹夜蛾幼虫

（2）人工释放赤眼蜂：于斜纹夜蛾成虫产卵初期至卵盛期，在田中间放置松毛虫赤眼蜂等赤眼蜂卵卡或卵球（图 15）。

（3）生物制剂防治：卵孵化盛期至低龄幼虫期，亩用 10 亿 PIB/g 斜纹夜蛾核型多角体病毒可湿性粉剂 40~50 g，或 400 亿个孢子 /g 球孢白僵菌可湿性粉剂 25~30 g，或 16 000 IU/mg 苏云金杆菌可湿性粉剂 125~250 g，或 1%

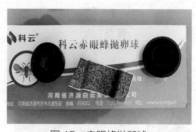

图 15　赤眼蜂抛卵球

苦皮藤素水乳剂 100~120 mL，或 8% 多杀霉素水乳剂 15~30 g 等，对水 40~60 kg，均匀喷雾。也可选用 100 亿孢子 / mL 短稳杆菌悬浮剂 800~1 000 倍液，或 1.8% 阿维菌素乳油 1 000 倍液，或 0.6% 印楝素乳油 300~500 倍液等均匀喷雾。

5. 科学用药　卵孵化盛期至低龄幼虫期，用 2.5% 溴氰菊酯乳油 2 000~3 000 倍液，或 48% 毒死蜱乳油 1 000 倍液，或 20% 灭幼脲悬浮剂 800 倍液，或 3% 甲维·氟铃脲乳油 1 000~2 000 倍液均匀喷雾。每隔 7~10 d 喷 1 次，根据虫情酌情喷药 2~3 次。

五、　银纹夜蛾

分布与为害

银纹夜蛾又称黑点银纹夜蛾、豆银纹夜蛾、菜步曲、豆尺蠖、大豆造桥虫、豆青虫等，分布在全国各大豆产区，但以黄河、淮河、长江流域发生较重。除为害大豆外，还取食其他豆科作物、茄子及油菜、甘蓝、花椰菜、白菜、萝卜等十字花科蔬菜。幼虫食害叶片，初孵幼虫群集在叶背面剥食叶肉，残留表皮，大龄幼虫则分散为害，蚕食叶片呈孔洞或缺刻（图1），发生严重时将叶片吃光。

图 1　银纹夜蛾大龄幼虫为害大豆

形态特征

（1）成虫：体长 15~17 mm，翅展 32~35 mm，体灰褐色。前翅深褐色，具 2 条银色横纹，翅中有 1 条显著的"U"形银纹和 1 个近三角形银斑；后翅暗褐色，有金属光泽（图2）。

（2）卵：半球形，初产时乳白色，后为淡黄绿色，卵壳表面有格子形条纹（图3）。

（3）幼虫：老熟幼虫体长 25~32 mm，体淡黄绿色，前细后粗，体背有纵向的白色细线 6 条，气门线黑色。第 1、2 对腹足退化，行走时呈屈伸状（图4、图5）。

（4）蛹：体较瘦，前期腹面绿色，后期全体黑褐色，腹部第1、2节气门孔明显突出，尾刺1对，具薄丝茧（图6～图9）。

图2　银纹夜蛾成虫

图3　银纹夜蛾卵

图4　银纹夜蛾幼虫

图5　银纹夜蛾幼虫（行走时呈屈伸状）

图6　银纹夜蛾蛹（前期）

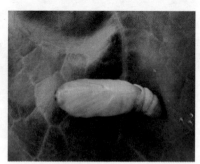

图7　银纹夜蛾蛹（前期）正面

图8　银纹夜蛾蛹（前期）侧面

图9　银纹夜蛾蛹（后期）

发生规律

　　银纹夜蛾在杭州1年发生4代，在湖南1年发生6代，在广州1年发生7代，在河北1年发生3~4代，在山东1年发生5代，在河南1年发生5~6代，以蛹越冬。翌年4月可见成虫羽化，羽化后经4~5 d进入产卵盛期，卵多散产于叶背，第2~3代产卵最多。成虫昼伏夜出，有趋光性和趋化性。初孵幼虫在叶背取食叶肉，3龄后取食嫩叶成孔洞，且食量大增。幼虫共5龄，有假死性，受惊后会蜷缩掉地。在室温下，幼虫期10 d左右。老熟幼虫在寄主叶背吐白丝作茧化蛹。

绿色防控技术

1. 农业措施

　　（1）清洁田园：冬季清除枯枝落叶，以减少翌年的虫口基数。

　　（2）人工捕杀：根据残破叶片和虫粪，找到幼虫和虫茧，进行人工捕杀。

　　（3）加强田间管理：对秋天末代幼虫发生重的田块，通过冬耕深翻可直接消灭部分越冬蛹，被深埋的蛹则不能羽化出土，同时深翻出的蛹因暴露于地表会风干而死或被鸟类等天敌捕食，可降低越冬虫口基数。

2. 理化诱控

　　（1）灯光诱杀：利用成虫的趋光性，用黑光灯、频振式杀虫灯、高压汞灯诱杀成虫。

（2）性诱剂诱杀：在田间安置银纹夜蛾性诱剂诱捕器诱杀雄成虫。

（3）枝把诱杀：将半枯萎带叶的杨树、柳树枝把，傍晚插摆在田间，每日清晨露水未干时集中捕杀隐藏其中的成虫。

（4）食饵诱杀：在银纹夜蛾羽化始盛期，放置 650 g/L 夜蛾利

图 10　食诱剂诱杀银纹夜蛾

它素饵剂等食诱剂，诱杀取食补充营养的银纹夜蛾（图 10）。

3. 生物防治

（1）保护和利用天敌：银纹夜蛾天敌主要有步甲、瓢虫、螳螂、猎蝽、草蛉、蜻蜓、蜘蛛、青蛙、鸟雀及菌类、病毒等，注意保护利用天敌。在正常发生年份，银纹夜蛾在田间的发生量较小，靠天敌就可基本控制为害。

（2）生物制剂防治：在卵孵化盛期至低龄幼虫期，亩用 10 亿 PIB/ 苜蓿银纹夜蛾核型多角体病毒悬浮剂 100~150 mL，或 30 亿 PIB/ 甜菜夜蛾核型多角体病毒悬浮剂 20~30 mL，或 16 000 IU/mg 苏云金杆菌可湿性粉剂 100~1 050 g 对水 40~50 kg 喷雾，或选用 400 亿个孢子 /g 球孢白僵菌水分散粒剂 1 500~2 000 倍液喷雾。

4. 科学用药

防治的最佳时期为卵孵化盛期至幼虫 3 龄以前，可选用 10% 二氯苯醚菊酯乳油 1 000~1 500 倍液，或 2.5% 溴氰菊酯乳油 2 000~3 000 倍液，或 20% 甲氰菊酯乳油 3 000 倍液，或 2.5% 联苯菊酯乳油 3 000 倍液，或 50% 辛硫磷乳油 1 000~1 500 倍液等在叶片正反两面喷雾。

六、 棉铃虫

分布与为害

棉铃虫又称钻桃虫、钻心虫等，分布广，食性杂，可为害大豆、棉花、玉米、高粱、小麦、水稻、烟草、花生、芝麻、番茄、菜豆、豌豆、苜蓿、向日葵等多种农作物。以幼虫蛀食花、豆荚为主，也为害嫩茎、叶和芽（图1）。豆荚常被钻蛀，钻孔造成雨水、病菌进入引起腐烂，严重影响大豆的产量和质量。

图1 棉铃虫幼虫为害大豆叶片

形态特征

（1）成虫：体长15~20 mm，前翅颜色变化大，雌蛾多黄褐色，雄蛾多绿褐色，外横线有深灰色宽带，带上有7个小白点，肾形纹和环形纹暗褐色（图2）。

（2）卵：近半球形，初产时乳白色，近孵化时紫褐色（图3）。

（3）幼虫：老熟幼虫体长40~45 mm，头部黄褐色，气门线白色，体背有十几条细纵线条，各腹节上有刚毛疣12个，刚毛较长。两根前胸侧毛的连线与前胸气门下端相切，这是区分棉铃虫幼虫与烟青虫幼虫的主要特征。体色变化多，大致分为黄白色型、黄色红斑型、灰褐色型、土黄色型、淡红色型、绿色型、黑色型、咖啡色型、绿褐色型等9种类型（图4）。

（4）蛹：长17~20 mm，纺锤形，黄褐色，第5~7腹节前缘密布比体色略深的刻点，尾端有臀刺2个（图5）。

图2　棉铃虫成虫　　　　　　　　图3　棉铃虫卵

图4　不同体色的棉铃虫幼虫

图5　棉铃虫蛹

发生规律

棉铃虫在辽宁 1 年发生 3 代，在西北 1 年发生 3~5 代，在黄河流域 1 年发生 4 代，在长江流域 1 年发生 4~5 代，在华南 1 年发生 6~8 代。以滞育蛹在 3~10 cm 深的土中越冬，黄河流域 4 月中旬至 5 月上旬气温 15 ℃以上时开始羽化。1 代主要为害小麦和春玉米等作物，2~4 代主要在豆类、棉花、玉米、花生、番茄等作物上为害，4 代还为害高粱、向日葵和越冬苜蓿等。成虫多将卵产在大豆中上部的嫩梢、嫩叶、幼荚、花萼和茎基上。幼虫共 6 龄，少数 5 龄或 7 龄。1、2 龄幼虫有吐丝下垂习性，3 龄后转移为害，4 龄后食量大增。幼虫 3 龄前多在叶面活动为害，是施药防治的最佳时机。末龄幼虫入土化蛹，土室具有保护作用，羽化后成虫沿原虫道爬出地面后展翅。各虫态发育最适温度为25~28 ℃，相对湿度为 70%~90%。成虫白天隐藏在叶背等处，黄昏开始活动，取食花蜜，有趋光性，对半枯萎的杨树枝有很强的趋性。幼虫有自残习性。

绿色防控技术

1. 农业措施

（1）选育抗（耐）虫品种：培育抗（耐）虫性强的品种，选用优质、抗逆品种。

（2）加强田间管理：秋田收获后，及时深翻耙地，冬灌，可消灭大量越冬蛹。

2. 理化诱控

（1）诱杀成虫：成虫发生期，集中连片应用频振式杀虫灯（图 6）、450 W 高压汞灯、20 W 黑光灯诱杀成虫；也可利用其趋化性，选用性诱剂、食诱剂（图 7）等诱杀成虫，兼诱甜菜夜蛾、地老虎、金龟子等多种害虫。

（2）枝把诱杀：第 2、3 代棉铃虫成虫羽化期，可插萎蔫的杨树枝把诱集成虫，每亩 10~15 把，每天清晨日出之前集中捕杀成虫。

3. 生态调控

在大豆田边或在田间种植春玉米、高粱、留种洋葱、胡萝卜等作物形成诱集带，可诱集棉铃虫产卵，集中杀灭。

图 6　频振式杀虫灯　　　　　　　图 7　食诱剂诱杀棉铃虫

4. 生物防治

（1）保护利用天敌：棉铃虫寄生性天敌主要有姬蜂、茧蜂、赤眼蜂、真菌、病毒等，捕食性天敌主要有瓢虫、草蛉、捕食螨、胡蜂、蜘蛛等，对棉铃虫有显著的控制作用（图 8、图 9）。

图 8　蜘蛛捕食棉铃虫幼虫　　　　图 9　被真菌寄生的幼虫

（2）人工释放赤眼蜂：从第 2 代开始，每代棉铃虫卵始盛期人工释放赤眼蜂 3 次，每次间隔 5~7 d，放蜂量为每次每亩 1.2 万 ~1.4 万头，每亩均匀放置 5~8 个点。

（3）生物制剂防治：在棉铃虫卵始盛期，每亩 16 000 IU/mg 苏云金杆菌可湿性粉剂 100~150 mL，或 10 亿 PIB/g 棉铃虫核型多角体病毒可湿性粉剂 80~100 g，对水 40 kg 喷雾。或选用 150 亿个孢子 /g 球孢白僵菌可湿性粉剂 150~250 倍液，或 100 亿孢子 /mL 短稳杆菌悬浮剂 500~1 000 倍液，或 0.5% 藜芦碱可溶液剂 600~800 倍液喷雾。

5. 化学防治　幼虫 3 龄前选用 50% 辛硫磷乳油 1 000~1 500 倍液，或 40% 毒死蜱乳油 1 000~1 500 倍液，或 4.5% 高效氯氰菊酯乳油 2 500~3 000 倍液，或 2.5% 溴氰菊酯乳油 2 500~3 000 倍液，或 40% 丙溴磷乳油 500~1 000 倍液，或 5% 氟铃脲乳油 300~600 倍液，或 20% 甲氰菊酯乳油 800~1 000 倍液，或 10% 溴氰虫酰胺可分散油悬浮剂 3 000~4 000 倍液，或 15% 茚虫威悬浮剂 3 000~4 000 倍液，或 40% 毒·辛乳油 800~1 000 倍液均匀喷雾。

七、 豆秆黑潜蝇

分布与为害

豆秆黑潜蝇广泛分布于我国南方、黄淮等大豆种植区，是大豆区发生最普遍的重要害虫之一。本虫主要为害大豆，还为害绿豆、赤豆、四季豆、豇豆、毛豆（青大豆）等豆科植物，在白菜、菜心、芥蓝等蔬菜作物上也可发生为害。幼虫在作物主茎、侧枝和叶柄内钻蛀为害（图1），形成隧道（图2），影响作物水分、养分的输导，使受害作物

图1 豆秆黑潜蝇蛀孔为害

叶片黄化，植株矮小，严重时枯死。苗期受害，多造成根茎部肿大，叶柄表面褐色，全株铁锈色，比健株显著矮化，重者茎中空，叶脱落，

图2 豆秆黑潜蝇在植株不同部位为害形成的隧道

以致死亡（图3、图4）。我国夏大豆历年受害株率为80%以上，一般年份受害田减产30%左右，重者达50%以上。因豆秆黑潜蝇体形较小，活动隐蔽，极易被忽视而错过防治。成株期受害则造成豆荚减少，秕粒增多，对作物产量、品质影响极大。

图3　豆秆黑潜蝇为害致顶芽枯死

图4　豆秆黑潜蝇幼虫及为害主茎横切面症状

形态特征

（1）成虫：体长2.5 mm左右，黑色，腹部有蓝绿色光泽。复眼暗红色；触角3节，第3节钝圆，其背面中央生有1根长于触角3倍的触角芒。前翅膜质、透明，有淡紫色金属光泽，亚前缘脉发达，平衡棍全黑色。

（2）卵：椭圆形，初呈乳白色，稍透明，渐变为淡黄色。

（3）幼虫：蛆形，体长2.4~2.6 mm，淡黄白色或粉红色。口钩黑色，第1腹节上生有1对很小的前气门，第8腹节有1对淡灰棕色后气门（图5）。

（4）蛹：长筒形，黄棕色，半透明（图6）。

图5　豆秆黑潜蝇幼虫及排泄物

图6　豆秆黑潜蝇在茎部化蛹

发生规律

豆秆黑潜蝇在广西1年发生13代以上，河南、江苏1年发生4~5代，浙江、福建1年发生6~7代。一般以蛹在大豆或其他寄主根茬和茎秆中越冬，4月上旬开始羽化，部分可延迟至6月上中旬羽化。成虫飞翔力弱，多集中在豆株上部叶面活动，常以腹部末端刺破大豆叶表皮，吸食汁液，致使大豆叶面呈白色斑点的小伤孔。卵多散产于大豆上部叶背表皮下。初孵幼虫在叶内蛀食，形成弯曲透明的隧道，再经叶脉、叶柄蛀食髓部和木质部。老熟后先在茎秆或叶柄上咬一羽化孔，并在孔的上方化蛹。6~7月降水较多，有利于其发生。寄生蜂对此虫有较强抑制作用。

绿色防控技术

1. 农业措施

（1）选用抗虫品种：选择中早熟、主茎较粗、节间短、分枝少、有限结荚习性和封顶快的抗虫品种。

（2）合理轮作换茬：避免大豆与其他豆科作物连作，有条件的地方可与玉米、芝麻等轮作，可有效降低为害。

（3）适时早播：夏大豆尽量适期早播。早播种，大豆前期生长较快，出苗整齐，健壮，豆秆粗壮，受害相对较轻。

（4）清洁田园：大豆生长期，及时清除田边地埂杂草和受害枯死植株，集中处理，以减少虫口基数；收获后，清除落在地上的茎叶和脱粒后的茎秆，集中销毁或进行沤制和高温发酵处理；翻耕土地，将豆茬深翻入土，破坏害虫的越冬场所，减少越冬虫源。

（5）加强田间管理：大豆苗期适时定苗，中耕除草；科学施肥，施肥应以底肥、种肥为主，花期结合降水进行叶面喷肥。

2. 理化诱控

在成虫盛发期，田间放置糖醋液盆诱杀，每20~30亩放1个。糖醋液配比为：糖：醋：酒：水＝3：4：1：2或6：3：1：10，加1份或少量80%敌百虫可溶粉剂等杀虫剂调匀。

3. 生物防治

保护和利用豆秆蝇瘿蜂、长腹金小蜂、华野姬猎蝽、光姬猎蝽等天敌。

4. 科学用药

（1）土壤处理：在大豆子叶长出 3~5 d 后，可用 3% 米乐尔颗粒剂拌成毒土，沿着豆苗基部逐行撒施。

（2）种子处理：每 1 kg 大豆种子用 5% 氟虫腈悬浮剂 5~7 mL 稀释适量水后拌种，闷种 1 h 左右，即可播种。

（3）药剂喷雾：成虫盛发期至幼虫蛀食之前，当网捕 100 网次，1 代成虫达 20~30 头，或 2 代成虫达 40~50 头时，进行药剂防治。可采用 48% 毒死蜱乳油 1 000 倍液，或 75% 灭蝇胺可湿性粉剂 5 000 倍液，或 5% 丁烯氟虫腈悬浮剂 1 500 倍液，或 5% 氟虫脲可分散液剂 1 000~1 500 倍液，均匀喷雾。在大豆盛花期，平均每株有 1 头幼虫时，可选用 20% 氰戊菊酯乳油 2 500 倍液，或 2.5% 溴氰菊酯乳油 2 000~4 000 倍液，或 20% 菊·马乳油 1 500 倍液均匀喷雾，间隔 7~10 d 再喷 1 次。豆株苗期是防治重点时期。

八、 豆叶东潜蝇

分布与为害

豆叶东潜蝇在河南、河北、山东、江苏、福建、四川、广东、云南等地大豆种植区有分布。主要寄主为大豆，也可为害其他豆科蔬菜。幼虫在叶片内潜食叶肉，仅留表皮（图1），叶面上呈现直径 1~2 cm 的白色膜状斑块（图2），每叶可有2个以上斑块，影响作物生长（图3）。

图1　豆叶东潜蝇潜食叶肉，仅留表皮

图2　豆叶东潜蝇为害叶片形成的直径　　　图3　豆叶东潜蝇为害叶片形成单叶多个
1~2 cm白色膜状斑块　　　　　　　　　　　　　斑块

形态特征

（1）成虫：小型蝇，翅长 2.4~2.6 mm。具小盾前鬃及 2 对背中鬃，小盾前鬃长度较第一背中鬃的一半稍长，体黑色。单眼，三角尖端仅达第一上眶鬃，颊狭，约为眼高的 1/10。平衡棍棕黑色，但端部部分白色。

（2）幼虫：体长约 4 mm，黄白色，口钩每颚具有 6 个齿。前气门短小，结节状，有 3~5 个开孔；后气门平覆在第 8 腹节后部背面大部分，有 31~57 个开孔，排成 3 个羽状分支（图4）。

（3）蛹：红褐色，卵形，节间明显缢缩，体下方略平凹。

图4　豆叶东潜蝇幼虫

发生规律

豆叶东潜蝇每年发生 3 代以上，7~8 月发生较多。成虫多在上层叶片上活动，卵产在叶片上，豆株上部嫩叶受害最重，幼虫老熟后入土化蛹。多雨年份发生重。

绿色防控技术

1. 农业措施

（1）清洁田园：上茬作物收获后，及时清除田间及周边杂草，集中沤肥或烧毁。

（2）科学播种：合理密植，注意田间通风透光。

（3）加强田间管理：合理增施磷钾肥，重施基肥、充分腐熟的有机肥；雨后及时排除田间积水；深翻灭茬，使病残体分解，减少虫源和虫卵寄生地。

（4）人工摘除：结合田间管理，在幼虫为害盛期，人工摘除幼虫潜食的叶片，带出田外，集中销毁。

2. 科学用药

成虫大量活动期，幼虫未潜叶之前是防治适期。可选用 2.5% 高效氯氟氰菊酯乳油 2 000 倍液，或 25% 噻虫嗪水分散粒剂 6 000~8 000 倍液，或 48% 毒死蜱乳油 1 500 倍液，或 52.25% 毒死蜱·氯氰菊酯乳油 1 500 倍液，或 5% 氟虫脲乳油 2 000~3 000 倍液，或 5% 丁烯氟虫腈悬浮剂 2 000 倍液，或 24% 甲氧虫酰肼乳油 2 500 倍液喷雾防治，隔 7~10 d 喷 1 次，连续防治 2~3 次。地边、道边等处的杂草上也是成虫的聚集地，应进行防治。统一防治效果更好。

九、 美洲斑潜蝇

分布与为害

　　美洲斑潜蝇在全国20多个省（市、区）均有分布。成、幼虫除为害豆类外，还为害黄瓜、南瓜、西瓜、甜瓜、芥菜、番茄、辣椒、茄子、马铃薯、苜蓿、蓖麻等。雌成虫善飞翔，以产卵器把植物叶片刺伤，进行取食和产卵。幼虫潜入叶片和叶柄为害，产生不规则蛇形白色虫道，叶片叶绿素被破坏，影响光合作用，受害重的叶片干枯脱落，造成花芽、果实被灼伤，严重的造成毁苗。美洲斑潜蝇发生初期虫道呈不规则线状伸展，虫道终端常明显变宽（图1），可区别于番茄斑潜蝇。

图1　美洲斑潜蝇为害大豆叶片症状

形态特征

（1）成虫：体长 1.3~2.3 mm，浅灰黑色，胸背板亮黑色，体腹面黄色，雌虫体比雄虫大（图2）。

（2）卵：米色，半透明，大小（0.2~0.3）mm×（0.1~0.15）mm。

（3）幼虫：蛆状，初无色，后变为浅橙黄色至橙黄色，长 3 mm，后气门突呈圆锥状突起，顶端 3 个分叉，各具 1 个开口（图3）。

图2 美洲斑潜蝇成虫

（4）蛹：椭圆形，橙黄色，腹面稍扁平，大小（1.7~2.3）mm×（0.5~0.7）mm（图4）。

图3 美洲斑潜蝇幼虫

图4 美洲斑潜蝇蛹

发生规律

美洲斑潜蝇成虫以产卵器刺伤叶片，吸食汁液，雌虫把卵产在叶表皮下，卵经 2~5 d 孵化，幼虫期 4~7 d，末龄幼虫咬破叶表皮，在叶外或土表下化蛹，蛹经 7~14 d 羽化为成虫。夏季 2~4 周完成 1 个世代，冬季 6~8 周完成 1 个世代，世代短，繁殖能力强。

绿色防控技术

1. 农业措施

（1）清洁田园：美洲斑潜蝇寄主广泛，把被其为害的作物、杂草残体集中进行深埋、沤肥或烧毁。

（2）轮作换茬：在美洲斑潜蝇重发区，可采用大豆与辣椒、葱、蒜等轮作或套种，减轻为害。

（3）深翻灭蛹：在播种前，利用美洲斑潜蝇落地化蛹的特性，深翻土壤，使掉在土壤表层的蛹不能羽化，降低为害。

（4）合理密植：种植密度要合理，增强田间通透性，及时去除过密植株或叶片，促进植株生长，增强其抗虫性。

2. 理化诱控 利用成虫趋黄性，在田间悬挂黄色黏板或黏纸诱集成虫。采用灭蝇纸诱杀成虫时，在成虫始盛期至盛末期，每亩设置15个诱杀点，每个点放置1张诱蝇纸诱杀成虫，3~4 d更换1次。

3. 生态调控 在豆田四周或田内间隔套种苦瓜、芫荽、大蒜等有异味的蔬菜，可起到趋避美洲斑潜蝇成虫的作用，降低为害程度。

4. 生物防治 美洲斑潜蝇的天敌主要有潜蝇茧蜂、潜蝇姬小蜂和反颚茧蜂等寄生蜂寄生幼虫，还有小花蝽、蓟马、蚂蚁等捕食幼虫，要注意保护利用。

5. 科学用药 在成虫盛发期，及时喷施昆虫生长调节剂类药剂，如5%氟虫脲乳油2 000倍液，或5%丁烯氟虫腈乳剂1 500倍液，或10%虫螨腈悬浮剂1 000倍液等，可影响成虫生殖、卵孵化、幼虫蜕皮和化蛹等。幼虫化蛹高峰期后8~10 d，幼虫处于1~2龄的低龄期，可用40%氧化乐果乳油1 000~2 000倍液，或1.8%阿维菌素乳油1 500 ~3 000倍液，或5%定虫隆乳油1 000~2 000倍液，或48%毒死蜱乳油1 500倍液，或20%氰戊菊酯乳油1 500~2 000倍液喷雾，连续喷2~3次。

十、　大豆食心虫

　　大豆食心虫在东北、华北、华中等大豆种植区都有发生。食性单一，主要为害大豆，也取食野生大豆和苦参。幼虫蛀入豆荚咬食豆粒成破瓣，豆荚内充满虫粪，降低产量和品质（图1、图2）。一般发生年份，虫食率为10%左右，严重时达30%~40%，甚至达70%~80%，是我国大豆产区主要害虫之一。

图1　大豆食心虫为害豆荚蛀孔及枯死荚

图2　大豆食心虫幼虫蛀害豆粒及虫粪

形态特征

　　（1）成虫：体长5~6 mm，翅展12~14 mm，黄褐色至暗灰色。前翅略呈长方形，沿翅前缘约有10条紫色短斜纹，翅外缘臀角上方有1个银灰色椭圆形斑，内有3条紫色小横纹。腹部纺锤形，黑褐色。

　　（2）卵：椭圆形，初呈白色，渐变为橙黄色，表面有光泽。

　　（3）幼虫：共5龄。初孵时黄白色，后变为淡黄色或橙黄色，老熟时红色，头及前胸背板黄褐色，体长 8~10 mm（图 3）。

（4）蛹：长纺锤形，长约 6 mm，黄褐色。土茧长椭圆形。

图 3 大豆食心虫幼虫

发生规律

大豆食心虫 1 年发生 1 代，以老熟幼虫在土中结茧越冬。在华中地区，越冬幼虫于 7 月下旬开始破茧化蛹，7 月底至 8 月初为化蛹盛期，8 月上中旬为羽化盛期，8 月下旬为产卵盛期，8 月底至 9 月初进入孵化盛期，幼虫在豆荚内为害 20~30 d 后老熟，9 月中旬至 10 月上旬陆续脱荚入土越冬。成虫于大豆嫩荚上产卵，每荚 1 粒。幼虫孵化后多从豆荚边缘合缝附近蛀入，先吐丝结成细长形薄白丝网，在其中咬食荚皮穿孔进入荚内为害。大豆收割前后，老熟幼虫在豆荚边缘穿孔脱荚，入土越冬。雨量多、土壤湿度大，有利于化蛹、成虫羽化和幼虫脱荚入土。少雨干旱对其发生不利。大豆连作受害重，轮作发生轻。低洼地比平地、岗地发生重。

绿色防控技术

1. 农业措施

（1）选用抗虫或耐虫品种：因地制宜选用鲁豆 13 号、吉林 16 号、吉林 1 号、黑河 3 号、早生、铁荚青、铁荚豆等抗性较好的品种。

（2）合理轮作：大豆食心虫为害具有专一性，只为害大豆，其越冬场所是豆茬田，成虫远距离迁飞能力差，可以采取 1 000 m 以上的远距离大区域轮作，减轻其发生为害程度。如能水旱轮作，效果更好。

（3）适时早播：大豆食心虫以幼虫形态钻入豆荚内，以蛀食嫩豆粒方式进行为害。适时早播使大豆嫩荚期避开食心虫成虫产卵高峰期，降低嫩荚虫食率和蛀荚率。

（4）清洁田园：及时收割运出并清理田间落荚枯叶，采用秋翻秋耙和大豆秸秆打包压块作燃料等方式，破坏食心虫越冬场所。

2. 理化诱控

（1）喷施干扰驱避剂：干扰驱避剂能够使大豆食心虫咬食豆荚后发生防御反应，释放特殊挥发物，影响食心虫进食、产卵。在成虫盛发期，亩喷施干扰驱避剂6~10 mL，用水配成3 000~5 000倍液，主要喷施中、上部叶片，应避免喷施到叶冠上方，造成药剂蒸发，影响防治效果。

（2）性诱剂诱杀：利用诱芯释放人工合成的性信息素化合物引诱雄蛾飞到诱捕装置，并用物理方法灭杀雄蛾。将诱杀盆放置在大豆田间三脚架上，盆内放满水并加入2 g洗衣粉，将性诱诱芯置于水面上约1 cm，每日上午进行清理。

3. 生物防治

（1）赤眼蜂防治：在成虫产卵期释放赤眼蜂，一般每亩设3个释放点，选上风头第20垄为第一个放蜂垄，距地头20步为第一个放蜂点，顺垄走每20步为一个放蜂点，以后每隔20垄为另一个放蜂垄，3个点一次释放1万头，间隔5~7 d释放第二次，共释放2万头。

（2）生物制剂防治：在老熟幼虫入土前，每亩用白僵菌粉1.5 kg拌细土或草木灰13 kg，均匀撒在豆田垄台上，防治脱荚幼虫。

4. 科学用药

（1）熏蒸防治：8月上中旬成虫初盛期，亩用80%敌敌畏乳油100~150 mL，将高粱秆或玉米秆切成20 cm长，吸足药液制成40~50根药棒，均匀插于垄台上，熏蒸防治成虫，但大豆与高粱间种时不宜采用。

（2）喷洒防治：在卵孵化盛期，用2.5%高效氯氟氰菊酯乳油1 500倍液，或30%甲氰·氧乐果乳油2 000倍液；或亩用50%氯氰·毒死蜱乳油60~100 mL，或2.5%溴氰菊酯乳油15~20 mL，或40%毒死蜱乳油80~100 mL，或2.5%氯氟氰菊酯水乳剂16~20 mL，或20%氰戊菊酯乳油20~30 mL，或20%氯氰菊酯·辛硫磷乳油30~40 mL，对水40~50 kg，喷雾防治。施药时间以上午为宜，重点喷洒植株上部。

十一、 豆荚螟

分布与为害

豆荚螟分布北起吉林、内蒙古，南至台湾、广东、广西、云南。除为害大豆外，还为害豌豆、扁豆、豇豆、菜豆、四季豆、蚕豆等多种豆科植物。幼虫食害豆叶、花及豆荚，常卷叶为害或蛀入荚内取食幼嫩豆粒，严重时吃空整个豆粒，是大豆重要害虫之一（图1）。

图1　豆荚螟幼虫吃空整个豆粒

形态特征

（1）成虫：体长10~12 mm，翅展20~24 mm，暗黄褐色。前翅狭长，沿前缘有1条白色纵带，近翅基1/3处有1条黄褐色宽横带；后翅黄白色，沿外缘褐色（图2）。

（2）卵：椭圆形，初产时乳白色，渐变为红色，孵化前呈浅橘黄色，表面密布不明显的网状纹。

（3）幼虫：5龄，老熟幼虫体长约18 mm，体黄绿色，头部及前胸背板褐色。背面紫红色，腹面绿色，前胸背板上有"人"字形黑斑，两侧各有1个黑斑。后缘中央也有2个小黑斑（图3）。

（4）蛹：黄褐色，长9~10 mm，腹端尖细，并有6个细钩。蛹外包有白色丝质的椭圆形茧，外附有土粒。

图2　豆荚螟成虫

图3　豆荚螟幼虫

发生规律

　　豆荚螟在河南、江苏、安徽1年发生4~5代，在广东1年发生7~8代。以老熟幼虫在大豆及晒场周围土中越冬。翌年4月下旬至6月成虫羽化。成虫昼伏夜出，趋光性弱，飞翔力也不强。卵主要产在豆荚上。幼虫孵化后先在豆荚上作一丝茧，由茧内蛀入荚中食害豆粒。2~3龄幼虫有转荚为害习性，幼虫老熟后离荚入土，结茧化蛹。

绿色防控技术

1.农业措施

　　（1）选用抗虫品种：选种早熟丰产、结荚期短、少毛或无毛的品种，如鲁豆13号等，可减少成虫产卵。

　　（2）合理轮作：避免豆科植物连作，可与水稻等非豆科作物轮作，或与玉米间作，可减轻豆荚螟的为害。有条件的地方，实行水旱轮作更好。

　　（3）加强田间管理：合理灌溉，在夏大豆开花结荚期灌水，可提高入土幼虫死亡率；在秋冬期灌水，可促使越冬幼虫死亡。及时翻耕整地或除草松土，杀死越冬幼虫和蛹。豆科绿肥在结荚前翻耕沤肥，种子绿肥要及时收割，尽早运出本田，减少本田越冬幼虫量。大豆收获后，进行翻耕，可消灭部分潜伏在土中的幼虫。

　　2.理化诱控　利用豆荚螟性信息素诱捕器诱杀成虫，放置诱捕器一般间隔 25 m，悬挂高度以距离地面 120 cm 为宜，对豆荚螟有着较好的诱杀效果（图 4）。

图 4　豆荚螟性诱剂诱捕器

3. 生物防治

（1）保护利用天敌：豆荚螟的天敌有甲腹茧蜂、绒蜂和鸟类等，保护利用天敌，可在一定程度上减轻豆荚螟的为害程度。

（2）释放赤眼蜂：于产卵始盛期释放赤眼蜂，对豆荚螟的防治效果可达 80% 以上。

（3）生物制剂防治：老熟幼虫入土前，田间湿度高时，可施用白僵菌粉剂、苏云金杆菌、阿维菌素等，减少化蛹幼虫的数量。

4. 科学用药　一是突出"早"。在花蕾被害率达到 10% 或百花有虫 15 头时即开始喷药防治。最佳防治适期一般是在豆荚螟成虫产卵高峰后 5~6 d 或 1 龄幼虫发生高峰后 2~3 d。二是做到"巧"。豆荚螟成虫具有昼伏夜出习性，趋光性弱，卵常产在嫩芽、花蕾和叶柄上，从始花盛期开始至幼虫卷叶前，采用"治花不治荚"的施药原则，于太阳未出之时，在蕾、花、嫩芽和落地花上集中喷药，可亩用 20% 氯虫苯甲酰胺悬浮剂 10 mL，或 5% 氟虫脲乳油 25 mL，或 35% 辛硫磷乳油·三唑磷乳油 50 mL，或 2.5% 高效氟氯氰菊酯乳油 35 mL，或 5% 丁烯氟虫腈悬浮剂 2~3 mL，对水 40~50 kg 喷雾，或选用 50% 杀螟硫磷乳油 1 000 倍液，或 2.5% 溴氰菊酯乳油 3 000 倍液，或 20% 氰戊菊酯乳油 2 000~3 000 倍液喷雾，每 7~10 d 防治 1 次，连喷 1~2 次。

十二、 豇豆荚螟

分布与为害

豇豆荚螟又名豆野螟、大豆螟蛾。分布北起吉林、内蒙古，南至台湾、广东、广西、云南。可为害大豆、豇豆、菜豆、扁豆、四季豆、豌豆、蚕豆等多种豆科植物。幼虫食害叶片、嫩茎、花蕾、嫩荚。低龄幼虫钻入花蕾为害，引起花蕾和幼荚脱落，3龄幼虫蛀入嫩荚内取食豆粒。蛀孔外堆积绿色粪粒，严重影响产量和品质。

形态特征

（1）成虫：体长约13 mm，翅展24~26 mm，暗黄褐色。前、后翅均有紫色闪光，前翅中室端部有1个白色透明带状斑，中室内和中室下各有1个白色透明小斑；后翅外缘黄褐色，其余部分白色半透明，内有3条暗棕色波状纹（图1）。

（2）卵：椭圆形，淡绿色，表面有六角形网状纹。

（3）幼虫：老熟幼虫体长约18 mm，黄绿色，头部黄褐色，前胸背板黑褐色，中、后胸背板各有毛片2排，前排4个各生2根刚毛，后排2个无刚毛；腹部各节背面具同样毛片6个,但各自只生1根刚毛。腹足趾钩双序缺环（图2）。

（4）蛹：近纺锤形，黄褐色，腹末有6根钩刺。

图1 豇豆荚螟成虫

图2 豇豆荚螟幼虫

发生规律

豇豆荚螟在华北地区1年发生3~4代，在华南地区1年发生7代，在华中地区1年发生4~5代，以蛹在土中越冬。翌年6月中下旬出现成虫，6~10月为幼虫为害期。成虫昼伏夜出，有趋光性，卵散产于嫩荚、花蕾或叶柄上；卵期2~3 d。幼虫共5龄，初孵幼虫蛀食嫩荚和花蕾，造成蕾荚脱落，3龄后蛀入荚内食害豆粒。幼虫亦常吐丝缀叶为害，老熟幼虫在叶背主脉两侧作茧化蛹，亦可吐丝下落，在土表和落叶中作茧化蛹。最适发育温度是28℃，相对湿度是80%~85%。6~8月雨水多，发生重。开花结荚期与成虫产卵期吻合，为害重。

绿色防控技术

1. 农业措施

（1）清洁田园：及时清除田间落花、落荚，并摘去被害带虫部分，集中销毁，减少虫源。

（2）科学播种：适期统一播种，使大豆的开花、结荚期与豇豆荚螟的产卵期错开。

（3）加强田间管理：冬春或大豆生长结荚期间在不影响其正常生长的情况下，适当多浇水或灌水，提高土壤湿度，可使入土结茧幼虫死亡；冬季深耕土壤，使幼虫冻死或被鸟啄食以减少越冬虫源。

2. 理化诱控　大面积种植，可利用黑光灯、杀虫灯诱杀成虫。

3. 生物防治 人工释放赤眼蜂、小茧蜂等。

4. 科学用药 从现蕾开始，抓住卵孵化高峰期施药，可亩用 10% 溴氰虫酰胺可分散油悬浮剂 15 mL，或 5% 氯虫苯甲酰胺悬浮剂 40~50 mL，或 1.8% 阿维菌素乳油 20~40 mL，对水 40~50 kg 喷雾；或选用 20% 三唑磷乳油 700 倍液，或 5% 氟虫腈悬浮剂 2 500 倍液，或 2.5% 高效氯氟氰菊酯乳油 1 500 倍液，或 2.5% 三氟氯氰菊酯乳油 3 000 倍液，或 2.5% 溴氰菊酯乳油 3 000 倍液，或 15% 茚虫威悬浮剂 3 000~4 000 倍液，或 5% 甲维盐可湿性粒剂 800 倍液 +10% 虫螨腈悬浮剂 1 000 倍液，喷雾防治，间隔 7~10 d 喷 1 次。

十三、　豆蚀叶野螟

分布与为害

豆蚀叶野螟又称豆卷叶螟、大豆卷叶虫。在华东、华中、华南、吉林、辽宁等地各大豆种植区有分布。主要为害大豆、豇豆、豌豆等豆科植物。幼虫为害叶片时，常吐丝把两叶粘在一起，躲在其中咬食叶肉，残留表皮、叶脉和叶柄（图1、图2）。后期蛀食豆荚或豆粒。

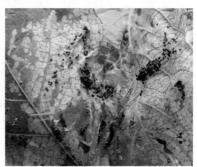

图1　豆蚀叶野螟吐丝粘连叶片症状　　图2　豆蚀叶野螟为害叶片残留表皮、叶脉症状

形态特征

（1）成虫：体长约10 mm，翅展18~23 mm，黄褐色。前翅内横线、外横线、外缘线黑褐色波浪状，内横线外侧具黑色点1个；后翅有2条黑褐色波状线，展开时与前翅内、外横线相连，外缘黑色（图3）。

（2）卵：椭圆形，浅绿色，数十粒卵排列成鱼鳞状。

（3）幼虫：老熟幼虫体长15~17 mm，头、前胸背板淡黄色，前胸两侧各有 1 块黑斑，胴部（胸、腹部）浅绿色，沿各节亚背线、气门上线、下线和基线上均有小黑纹（图 4）。

（4）蛹：红褐色，外被薄茧。茧长 17 mm 左右，薄丝质，白色。

图 3　豆蚀叶野螟成虫

图 4　豆蚀叶野螟幼虫

发生规律

豆蚀叶野螟在我国北方 1 年发生 2~3 代，在华中地区 1 年发生 4~5 代，在广东 1 年发生 5 代。以老熟幼虫或蛹在枯叶里或土下越冬。在华中地区，越冬代成虫多于翌年 4 月中旬至 5 月中下旬羽化，个别延续到 6 月初羽化。6~9 月田间可见各种虫态。成虫白天潜伏叶背，夜间活动交配，有趋光性。卵多散产在叶背面。初孵幼虫先在叶背取食，后吐丝卷折豆叶蚕食，后期亦可蛀食豆荚、豆粒。幼虫比较活泼，受惊后迅速倒退逃逸，老熟后在卷叶里作茧化蛹，亦可落地在落叶中化蛹。

绿色防控技术

1. 农业措施　清洁田园，定期清除田间落花、落荚，并摘除被害卷叶和豆荚，将所摘落花、落荚等带出田外集中销毁，以减少虫源，防止幼虫转移为害。

2. 理化诱控　利用成虫的趋光性，在田间架设频振式杀虫灯或黑光灯，进行灯光诱杀。

3. 生物防治　保护利用天敌广黑点瘤姬蜂。

4. 科学用药　于卵孵化盛期，用5%氟虫腈悬浮剂2 500倍液，或52.25%氯氰·毒死蜱乳油2 500倍液，或2.5%溴氰菊酯乳油3 000倍液，或10%顺式氯氰菊酯乳油3 000倍液，或48%毒死蜱乳油1 000倍液喷雾防治。

十四、 豆卷叶野螟

分布与为害

　　豆卷叶野螟分布于吉林、辽宁、内蒙古、广东、江西、宁夏、甘肃、青海、四川、云南、河南等地。除为害大豆外，还为害豇豆、绿豆、赤豆、菜豆、苎麻等。初孵幼虫取食叶肉，3龄后将叶片横卷成筒状，潜伏其中啃食，有时数叶卷在一起（图1、图2）。大豆开花结荚期受害最重，常导致落花、落荚。

图1　豆卷叶野螟将叶片横卷成筒状为害状　　图2　豆卷叶野螟将2片豆叶卷在一起为害状

形态特征

　　（1）成虫：体长约12 mm，翅展25~27 mm。头黄白色稍带褐色，头顶部密生黄白色长鳞毛。前、后翅淡黄色，前翅内横线、外横线淡褐色，波浪形，外缘淡褐色，中室内有2个褐色斑；后翅外横线淡褐色，波浪形。

（2）卵：椭圆形，初黄白色，渐变深，常2粒在一起。

（3）幼虫：初孵时黄白色，取食后，头及身体呈绿色。低龄幼虫上颚黑褐色，单眼区黑色，中胸、后胸各具毛片4个，排列成一横行，腹部背面有2排毛片，前排4个，中间2个略大，毛片上生较长的刚毛。老熟幼虫体色变淡（图3）。

（4）蛹：褐色，长15 mm，腹部第5~7节背面有4个突起，尾端臀棘上有4个钩状刺（图4）。

图3　豆卷叶野螟幼虫

图4　豆卷叶野螟蛹

发生规律

豆卷叶野螟在河南1年发生2代，在江西1年发生4~5代，在广东1年发生5代，以3~4龄幼虫在大豆卷叶里吐丝结茧越冬。在河南6月下旬至7月上旬为越冬代成虫盛发期，7月中旬至8月上旬为幼虫盛发期，8月中下旬为化蛹盛期。8月下旬至9月上旬为1代成虫羽化和2代卵盛期，9月中下旬幼虫3~4龄，开始越冬。成虫有趋光性，喜在傍晚活动，取食花蜜及交配，卵多产在生长茂盛、成熟晚、叶宽圆的品种上。幼虫老熟后作一新的虫苞在卷叶内化蛹。多雨湿润气候适宜发生，干旱年份发生较少。

绿色防控技术

1.农业措施

（1）选用抗虫品种：种植早熟或叶毛较多的抗虫品种。

（2）清洁田园：生长期及时清理豆田内落花、落荚；作物采收后，及时清除田间枯枝落叶，带出田外集中烧毁或深埋，减少虫源基数。

（3）加强田间管理：合理密植，减少田间郁闭；适时灌溉，雨后及时排水，降低田间湿度；科学施肥，增施磷钾肥，避免偏施氮肥，防止徒长。

（4）人工捏杀幼虫：在害虫发生初期，查摘豆株上卷叶，带出田外集中处理或随手捏杀卷叶内的幼虫，以减少幼虫数量。

2. 理化诱控　利用杀虫灯、糖醋液诱杀成虫。

3. 生物防治

（1）保护利用天敌：天敌主要有寄生蜂、线虫、白僵菌等，应加以保护利用。

（2）生物制剂防治：将 100 亿孢子 /mL 苏云金杆菌乳剂稀释成 500~600 倍液，或 1.8% 阿维菌素乳油 3 000 倍液喷雾。

4. 科学用药

卵孵化盛期，可亩用 5% 氟虫脲乳油 25 mL，或 35% 辛硫磷·三唑磷乳油 50 mL，或 2.5% 高效氟氯氰菊酯乳油 35 mL，或 5% 丁烯氟虫腈悬浮剂 2 ~3 mL，对水 40~50 kg 喷雾；也可喷洒 2.5% 溴氰菊酯乳油 2 500 倍液，或 20% 杀灭菊酯乳油 3 500 倍液，或 10% 氯氰菊酯乳油 3 000 倍液，或 15% 茚虫威胶悬剂 3 500~4 000 倍液，或 5% 氟虫腈悬浮剂 2 000 倍液，或 20% 虫酰肼悬浮剂 1 500~2 000 倍液，或 2.5% 三氟氯氰菊酯乳油 3 000~4 000 倍液，或 2.5% 高效氟氯氰菊酯乳油 2 000~4 000 倍液。

十五、 甜菜叶螟

分布与为害

甜菜叶螟又称白带螟，分布北起黑龙江、内蒙古，南、东向靠近国境线，以黄河中下游发生较多。寄主植物有大豆、甜菜、玉米、甘薯、甘蔗、茶、向日葵等。以幼虫吐丝卷叶，取食叶肉，留下叶脉（图1）。为害盛期重发田块百株有虫可达万头以上，受害株率达100%。

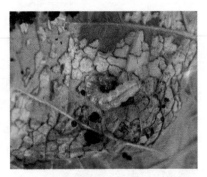

图1 甜菜叶螟幼虫食害叶肉及虫粪状

形态特征

（1）成虫：体长约10 mm，翅展24~26 mm，体棕褐色。头部白色，额有黑斑，触角黑褐色，唇须黑褐色向上弯曲。胸部背面黑褐色，腹部环节白色。翅暗棕褐色，前翅中室有1条斜波纹状的黑缘宽白带，外缘有一排细白斑点；后翅也有1条黑缘白带，缘毛黑褐色与白色相间；双翅展开时，白带相接呈倒"八"字形（图2）。

图2 甜菜叶螟成虫

（2）卵：椭圆形，长 0.6~0.8 mm，淡黄色，透明，中间略隆起，周围扁平，表面有不规则网状纹。

（3）幼虫：老熟幼虫体长 17~19 mm，宽约 2 mm，淡绿色，光亮透明，两头细中间粗，近似纺锤形，趾钩双序缺环。

（4）蛹：长 9~11 mm，黄褐色，臀棘上有钩刺 6~8 根。

发生规律

甜菜叶螟在山东 1 年发生 1~3 代，以老熟幼虫吐丝作茧化蛹，在田间杂草、残叶或表土层中越冬。翌年7月下旬开始羽化，直到9月上旬，历期40 d。各代幼虫发育期：第1代7月下旬至9月中旬，第2代8月下旬至9月下旬，第3代9月下旬至10月上旬，有世代重叠现象。成虫飞翔力弱，卵散产于叶脉处，常 2~5 粒聚在一起。每雌虫平均产卵88粒。幼虫孵化后昼夜取食，低龄幼虫在叶背啃食叶肉，留下上表皮呈天窗状，蜕皮时拉一薄网，3龄后将叶片食成网状缺刻。幼虫老熟后变为桃红色，开始拉网，24 h 后又变成黄绿色，多在表土层作茧化蛹，也有的在枯枝落叶下或叶柄基部间隙中化蛹。

绿色防控技术

1. 农业措施

（1）清洁田园：在甜菜叶螟化蛹期或越冬期，铲除田间、田边杂草和清除田间的带虫枝叶，减少下一代的虫源基数。

（2）人工捏杀幼虫：根据幼虫卷叶为害的特征，捏杀卷叶内的幼虫。

2. 理化诱控　利用黑光灯、杀虫灯诱杀成虫。

3. 科学用药　在幼虫未卷叶为害前，可选用 50% 辛硫磷乳油1 000~1 200 倍液，或 2.5% 高效氯氟氰菊酯乳油 2 000 倍液，或 20% 氰戊菊酯乳油 2 000~3 000 倍液，喷雾防治。

十六、 豆芫菁

分布与为害

豆芫菁广泛分布于全国各地。可为害大豆、花生、苜蓿等豆科作物及棉花、马铃薯、番茄、茄子、辣椒、甜菜、麻、苋菜等。成虫群集取食寄主叶片，残存网状叶脉，也为害花瓣和嫩茎。常点片发生，有时可使局部地块成灾（图1、图2）。

图1　豆芫菁群集为害状　　　　　图2　豆芫菁为害叶片形成网状叶脉

形态特征

（1）成虫：体长11~18 mm，黑色，头红色，具1对光亮的黑瘤；前胸背板中央和每个鞘翅中央各有1条灰白毛宽纵纹；小盾片、鞘翅侧缘、端缘和中缝，各腹节后缘均镶有灰白色绒毛。雌虫触角丝状，雄虫触角栉齿状（图3、图4）。

图3　豆芫菁成虫

图4　豆芫菁成虫及排泄物

（2）卵：长椭圆形，初产时乳白色，后变为黄褐色，每虫可产卵70~150粒，卵组成菊花状卵块。

（3）幼虫：为复变态，各龄幼虫形态不同。1龄似双尾虫；2龄、3龄、4龄和6龄似蛴螬；5龄以伪蛹越冬。老熟幼虫体长12~13 mm，乳白色，头褐色。

（4）蛹：为离蛹，黄白色。

发生规律

豆芫菁在辽宁、河北、河南、山东等地1年发生1代，在湖北1年发生2代，以5龄幼虫（伪蛹）在土中越冬。在河南于翌年春蜕皮为6龄幼虫，然后化蛹、羽化。6月中旬化蛹，6月下旬至8月中旬为成虫发生为害期，大豆开花前后受害最重。成虫白天活动，尤以中午最盛，群聚为害，喜食嫩叶、心叶和花。成虫活泼，受惊吓时常假死落地。成虫可分泌黄色液体，这种液体含有芫菁素，触及皮肤可导致红肿起泡。幼虫在土中活动，取食蝗卵，5龄不取食，越冬后蜕皮为6龄幼虫，随即化蛹。

绿色防控技术

1. 农业措施

（1）深耕灭蛹：害虫发生严重的地区或田块，收获后应及时深耕翻土，将正在越冬的豆芫菁幼虫翻入深土层中，打乱或破坏其生存环境，消灭土中大部分虫蛹，减少翌年为害（图5）。

（2）捕捉成虫：在豆芫菁成虫取食、交尾盛期，利用其白天多在植株顶端活动和群集为害的习性，进行人工捕捉或网捕，以减少田间虫口密度。

2. 生态调控　靠近农田的荒滩，若蝗虫发生较重，通过消灭蝗虫控制其产卵，减少豆芫菁幼虫的食料，以消灭豆芫菁幼虫。

图5　土壤深耕

3. 生物防治　可用生物制剂1.8%阿维菌素乳油1 500倍液，或20%灭幼脲悬浮剂800~1 000倍液等喷雾防治。

4. 科学用药　成虫始盛期可选用20%杀灭菊酯乳油2 000倍液，或2.5%溴氰菊酯乳油2 000倍液，或2.5%高效氯氟氰菊酯乳油2 000倍液，或4.5%高效氯氰菊酯乳油1 000倍液，或50%辛硫磷乳油1 000~1 500倍液，或90%晶体敌百虫1 000~1 500倍液，均匀喷雾。每7 d喷1次，连喷2~3次，交替喷施，喷均喷足，农田周边田埂杂草也要喷到。

十七、 豆叶螨

分布与为害

　　豆叶螨在北京、河南、浙江、江苏、四川、云南、湖北、福建及台湾等省（市）有分布。除为害大豆外，还为害菜豆、葎草、益母草等。常群集叶背或卷须上吸食汁液，形成白色斑痕，严重时导致叶片干枯或呈火烧状。有吐丝拉网习性（图1、图2）。

图1　豆叶螨为害大豆叶片形成灰白色网状症状

图2　豆叶螨为害大豆叶片症状局部放大

形态特征

　　1. 雌螨　体长0.46 mm，宽0.26 mm。体深红色，椭圆形，体侧具黑斑。须肢端感器柱形，长是宽的2倍，背感器梭形，较端感器短。气门沟末端弯曲成"V"形。有26根背毛。

　　2. 雄螨　体长0.32 mm，宽0.16 mm，体黄色，有黑斑。须肢端感器细长，长是宽的2.5倍，背感器短。阳具末端锤形，阳茎的远侧突起比近侧突起长 6~8 倍，是与其他叶螨相区别的重要特征。

发生规律

　　豆叶螨在北方地区 1 年发生 10 代左右，在台湾 1 年发生 21 代，以雌成螨在缝隙或杂草丛中越冬。夏季是豆叶螨发生盛期，繁殖蔓延速度很快；冬季在豆科植物、杂草、茶树近地面叶片上栖息，全年世代平均天数为 41 d。发育适温 17~28 ℃，卵期 5~10 d，从幼螨发育到成螨需 5~10 d。降雨少、天气干旱的年份易发生。

绿色防控技术

1. 农业措施

　　（1）轮作倒茬：合理间作轮作，实行水旱轮作，避免叶螨在寄主间相互转移为害。

　　（2）清洁田园：苗期适时中耕，及时铲除田间、路边、沟渠、荒地等处的杂草、寄主植物，压低虫源。收获后，及时深翻整地，清除田埂、路边和田间的枯枝、落叶、杂草。秋冬季结合积肥，彻底清除田地周边枯枝、落叶、杂草，集中深埋或烧毁，破坏豆叶螨的自然越冬环境，减少越冬虫源基数。

　　（3）人工摘除：大豆生长期发现有少量受害植株，可摘除虫叶烧毁。

　　（4）加强田间管理：如遇干旱天气应及时灌溉和施肥，促进植株生长，抑制豆叶螨增殖。

2. 生物防治

　　（1）保护利用天敌：豆叶螨的天敌很多，主要有瓢虫（图 3）、草蛉（图 4）、塔六点蓟马（图 5）及菌类、病毒等，应加以保护利用。

　　（2）生物药剂防治：每亩可选用 150 亿孢子 /g 球孢白僵菌可湿性粉剂 160~200 g，或 0.3% 苦参碱水剂 100~200 mL，或 0.3% 印楝素可溶液剂 60~100 mL 等，对

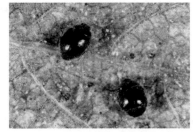

图 3　天敌——瓢虫

图4 天敌——草蛉

图5 天敌——塔六点蓟马

水 50~60 kg，均匀喷施。也可选用 1.8% 阿维菌素乳油 2 000~4 000 倍液，或 10% 浏阳霉素乳油 1 000~1 500 倍液，或 0.5% 藜芦碱可溶液剂 300~600 倍液等，均匀喷雾。

3. 科学用药 防治叶螨适合用于种子处理或土壤处理的药剂品种，一般毒性较高，需要注意使用安全。

（1）种子处理：播种前，可按种子重量，选用 2%~2.5% 的 10% 克百威悬浮种衣剂，或 2%~2.5% 的 15% 福·克悬浮种衣剂，或 2.8%~4% 的 25% 甲·克悬浮种衣剂等包衣或拌种。

（2）土壤处理：播种时，每亩可选用 5% 丁硫克百威颗粒剂 5~7 kg，或 5% 丁硫·毒死蜱颗粒剂 4~6 kg，或 3% 克百威颗粒剂 3~5 kg，或 3% 甲拌磷颗粒剂 3~5 kg 等，加细土 20~25 kg 拌匀制成毒土，撒施于播种沟或穴内，覆土后播种。

（3）药剂喷雾：在点片发生阶段，可选用 5% 唑螨酯乳油 2 000 倍液，或 5% 氟虫脲可分散液剂 1 500 倍液，或 73% 克螨特乳油 1 000~1 500 倍液，或 97% 矿物油乳油 100~150 倍液，或 5% 甲氨基阿维菌素苯甲酸盐水分散粒剂 3 000~4 000 倍液，或 10% 甲氰菊酯水乳剂 500~1 000 倍液，或 200 g/L 双甲脒乳油 1 000~1 500 倍液，或 25% 三唑锡可湿性粉剂 1 000~2 000 倍液，或 57% 炔螨特乳油 1 500~2 000 倍液，或 20% 哒螨酮可湿性粉剂 1 500 倍液喷雾防治。

十八、 点蜂缘蝽

分布与为害

点蜂缘蝽在辽宁、河北、河南、江苏、浙江、安徽、江西、湖北、四川、福建、云南、广东、海南等地均有分布。除为害大豆外，还为害菜豆、蚕豆、豇豆、豌豆等其他豆科作物及水稻、麦、甘薯、棉、麻、丝瓜等。以成虫、若虫吸食作物汁液，使花脱落，或形成瘪粒，严重时整株枯死，导致落荚和"症青"（图1~图3）。

图1　点蜂缘蝽为害致幼穗脱落、瘪粒

图2　"症青"株（左）与正常株（右）对比

图3　大豆"症青"株

形态特征

（1）成虫：体长 15~17 mm，体狭长，黄褐色至黑褐色，被白色细绒毛。头部三角形，自复眼后细缩。触角 4 节，第 1 节长于第 2 节。前胸背板侧角呈棘状突出，前胸背板及胸侧板具许多不规则的黑色颗粒。前翅膜片淡棕褐色，稍长于腹末。腹部两侧外露部分黄黑相间。足与体同色，后足腿节特粗大，其腹面有 4 个刺和几个小齿，后足胫节细，向背面弯曲。腹下散生许多不规则的小黑点（图 4）。

（2）卵：半卵圆形，初产时暗蓝色，渐变为黑褐色。

（3）若虫：1~4 龄体似蚂蚁，腹部膨大，第 1 腹节小；5 龄体似成虫，仅翅较短（图 5）。

图 4　点蜂缘蝽成虫　　图 5　点蜂缘蝽若虫

发生规律

点蜂缘蝽 1 年发生 2~3 代。以成虫在枯枝落叶和杂草丛中越冬。河南于翌年 3 月下旬越冬成虫开始活动，4 月下旬至 6 月上旬产卵，5 月上旬至 6 月中旬第 1 代若虫孵化，6 月上旬至 7 月上旬成虫羽化，6 月中旬至 8 月中旬产卵。第 2 代成虫 7 月中旬至 9 月中旬羽化，第 3 代成虫 9 月上旬至 11 月中旬羽化，10 月下旬后陆续越冬。卵多散产于叶背、嫩茎和叶柄上。成虫、若虫极活跃，早、晚温度低时稍迟钝。

绿色防控技术

1. 农业措施

（1）合理轮作：实行轮作倒茬，合理安排茬口，减少害虫宿主。

（2）清洁田园：及时铲除田边早花早实的野生植物，避免其作为早春过渡寄主，减少部分虫源；作物收获后，及时清除田间枯枝落叶和杂草，带出田外堆沤或烧毁，可消灭部分越冬成虫。

（3）加强田间管理：适时播种，合理密植，合理灌溉，增施有机肥，增强大豆植株抵抗力。

2. 生态调控 在大豆田周边种植荞麦、豇豆、柿树作为诱集植物或非寄主植物，虽然对点蜂缘蝽诱集效果甚微，但能提高点蜂缘蝽卵的被寄生率；在大豆田周边种植枹栎、日本扁柏、日本花柏等林木，有助于为其天敌创造良好的栖息环境。

3. 生物防治 天敌主要有草蛉、寄生蜂、捕食性蜘蛛（图6）、长螳螂、蜻蜓、黑卵蜂等，应加以保护利用。

图6 天敌——蜘蛛

4. 科学用药 在成虫、若虫为害期，均匀喷洒2.5%溴氰菊酯乳油2 000倍液，或10%吡虫啉可湿性粉剂4 000倍液，或20%氰戊菊酯乳油2 000倍液，或2.5%高效氯氰菊酯乳油2 000~4 000倍液，或48%毒死蜱乳油1 000~1 500倍液等，隔7 d喷1次，连喷2~3次。根据点蜂缘蝽的生活习性，其早晚低温时活动迟缓，所以尽量选择其反应迟钝时施药。如果遇高温天气，点蜂缘蝽会躲于豆叶背面，所以喷药时要注意叶背均匀着药。

十九、 茶翅蝽

分布与为害

茶翅蝽又名臭板虫、臭大姐。在河南、河北、北京、山东、江苏、安徽、陕西、湖南、湖北、江西、四川、贵州等地有广泛分布。除为害大豆外，还为害梨、苹果、山楂、榆树等果树及部分林木和菜豆、油菜等农作物。以成虫、若虫为害叶片、梢和果实。

形态特征

（1）成虫：体长 15 mm 左右，宽约 8 mm，体扁平，茶褐色，前胸背板、小盾片和前翅革质部有黑色刻点，前胸背板前缘横列 4 个黄褐色小点，小盾片基部横列 5 个小黄点，两侧斑点明显（图 1、图 2）。

（2）卵：短圆筒形，直径 1 mm 左右，常 20~30 粒并排在一起，灰白色。有假卵盖，中央微隆。

（3）若虫：分 5 龄，初孵若虫近圆形，体淡黄褐色或红褐色，头

图1　茶翅蝽成虫

图2　茶翅蝽交尾

部黑色。2龄幼虫褐色，胸腹背面有黑斑，腹部背面中央有2个明显的臭腺孔。3龄后似成虫，无翅（图3、图4）。

图3 茶翅蝽初孵若虫及卵壳

图4 茶翅蝽2龄若虫及蜕皮

发生规律

茶翅蝽在河北、河南、山西、内蒙古等地1年发生1代，在华南地区1年发生2代，以成虫在土块下、田间背风向阳处、墙缝、房檐等处越冬。常数头或数十头聚集在一起越冬。在1代发生区，一般成虫于5月上旬陆续出蛰活动为害，6月产卵，卵多产于叶背，7月上中旬为孵化盛期。成虫在气温较高、阳光充足时活动、飞翔、交尾，9月下旬开始向越冬场所转移。

绿色防控技术

1. 农业措施

（1）人工摘卵：成虫产卵期，查找卵块，人工摘除，集中灭杀初孵化尚未分散的若虫。

（2）清洁田园：作物收获后及时清除田间枯枝、落叶和杂草，并带出田外堆沤或焚烧，可消灭部分越冬成虫。

2. 生物防治 捕食性天敌有小花蝽、草蛉、三突花蛛等，寄生性天敌主要有茶翅蝽沟卵蜂、平腹小蜂、黄足沟卵蜂等，应加以保护利用。

也可在卵孵化初期采用鱼藤酮等制剂喷雾防治。

　　3. 科学用药　在卵孵化盛期或初孵若虫期喷洒化学药剂，可亩用 10% 联苯菊酯乳油 30~40 mL，或 26% 氯氟·啶虫脒水分散粒剂 140~200 mL，或 45% 马拉硫磷乳油 60~80 mL，或 48% 毒死蜱乳油 40~50 mL，或 50% 氟啶虫胺腈水分散粒剂 8 mL，对水 40~50 kg 喷雾。或选用 2.5% 溴氰菊酯乳油 3 000 倍液，或 5% 高效氯氰菊酯乳油 1 500 倍液，或 1.8% 阿维菌素乳油 4 000 倍液进行喷雾。

二十、　筛豆龟蝽

分布与为害

　　筛豆龟蝽又称豆平腹蝽、豆圆蝽，是一种杂食性害虫。分布北起北京、山西，南抵台湾，东到沿海地区，西至陕西、四川、云南、西藏等省（区）。主要为害大豆、菜豆、扁豆、绿豆等豆科作物，以及刺槐、杨树、桃树等多种其他植物。成虫、若虫均在寄主作物的茎秆、叶柄和荚果上吸食汁液，影响植株生长发育，造成植株早衰，叶片枯黄，茎秆瘦短，豆荚不实，百粒重下降，严重影响大豆产量和品质（图1）。

图1　筛豆龟蝽密布大豆茎秆、叶片为害状

形态特征

　　（1）成虫：近卵圆形，体长4.3~5.4 mm，宽3.8~4.5 mm，淡黄褐色或黄绿色，具微绿色光泽，密布黑褐色小刻点，复眼红褐色，前胸背板有1列刻点组成的横线，小盾片基胝两端色淡，侧胝无刻点；各足胫节整个背面有纵沟，腹部腹面两侧有辐射状黄色宽带纹，雄虫小盾片后缘向内凹陷，露出生殖节（图2）。

　　（2）卵：略呈圆筒状，横置，一端为微拱起的假卵盖，另一端钝圆。初产时乳白色，后转为肉黄色。

　　（3）若虫：共5龄，末龄若虫体长4.8~6.0 mm，淡黄绿色，密被黑白混生的长毛，其中以两侧的白毛为最长。3龄后体形似龟状，胸腹各节（后胸除外）两侧向外前方扩展成半透明的半圆薄板（图3）。

图2　筛豆龟蝽成虫

图3　筛豆龟蝽若虫

发生规律

筛豆龟蝽1年发生1~3代，以2代为主，世代重叠。以成虫在寄主植物附近的枯枝、落叶下越冬。翌年4月上旬开始活动，4月中旬开始交尾，4月下旬至7月中旬产卵。1代若虫从5月初至7月下旬先后孵化，6月上旬至8月下旬羽化为成虫，6月中下旬至8月底交尾产卵；2代若虫从7月上旬至9月上旬孵出，7月底至10月中旬羽化，10月中下旬起陆续越冬。卵产于大豆等作物的叶片、叶柄、托叶、荚果和茎秆上，平铺斜置呈2纵行，共10~32粒，羽毛状排列。成虫、若虫均有群集性。

绿色防控技术

1. 农业措施

（1）清洁田园：作物收获后及时清除田间枯枝落叶和杂草，并带出田外烧毁，可消灭部分越冬成虫。

（2）合理轮作：与非寄主作物轮作，打破其正常的食物链，以控制田间发生基数。

（3）人工捕杀：利用筛豆龟蝽成、若虫假死性，在成虫越冬或出蛰为害时，集中捕杀。

2. 科学用药　在成虫、若虫为害期喷雾防治，防治药剂参见茶翅蝽。

二十一、 **斑须蝽**

分布与为害

　　斑须蝽在全国各地均有发生，除为害大豆外，还可为害小豆、蚕豆、豌豆、小麦、玉米、棉花、油菜等作物，属杂食性害虫。以成虫、若虫吸食植株汁液，造成植株萎缩、落花、落果、籽粒不饱满，影响作物产量和品质。

形态特征

　　（1）成虫：体长 8~13.5 mm，宽 5.5~6.5 mm，椭圆形，黄褐色或紫褐色。头部中叶稍短于侧叶。复眼红褐色。触角 5 节，黑色，每节基部和端部淡黄色，形成黑黄相间。前胸背板前侧缘稍向上卷，浅黄色，后部常带暗红色。小盾片三角形，末端钝而光滑，黄白色。前翅革片淡红褐色或暗红色，膜片黄褐色，透明，超过腹部末端。足黄褐色，腿、胫节密布黑色刻点。腹部腹面黄褐色，具黑色刻点（图1）。

图1　斑须蝽成虫

　　（2）卵：长约 1 mm，宽约 0.75 mm，桶形，初产时浅黄色，后变赭灰黄色。卵壳有网纹，密被白色短绒毛。

图2　斑须蝽若虫

（3）若虫：略呈椭圆形。腹部每节背面中央和两侧均有黑斑。高龄若虫的头、胸部浅黑色，腹部灰褐色至黄褐色，小盾片显露，翅芽伸至第1~4可见节的中部（图2）。

发生规律

一年发生2~4代，以成虫在植物根际、枯枝落叶下、树皮裂缝中或屋檐底下等隐蔽处越冬。越冬代成虫翌年4月开始活动，6月上旬第1代成虫出现，第2代成虫7月上旬盛发。成虫羽化后必须摄取大量食物才能产卵，所以成虫产卵前期是为害最严重的时期。初孵若虫群集为害，2龄后扩散为害。

绿色防控技术

1. 农业措施

（1）清洁田园：清除田间及四周的残株、落叶及杂草。

（2）人工捕杀：人工摘除卵块，人工捕捉成虫，减轻田间受害程度。

2. 理化诱控　利用成虫趋光性，在成虫发生期利用杀虫灯或黑光灯诱杀成虫。

3. 生态调控　插花条带种植玉米、棉花、花生等作物（每一条带10~15 m），可优化生态环境，创造有利于天敌生存繁衍的条件，提高天敌对斑须蝽的自然控制能力。

4. 生物防治

（1）保护利用天敌：斑须蝽的天敌主要有华姬猎蝽、中华广肩步行虫、斑须蝽卵蜂、稻蝽小黑卵蜂等，应加以保护利用。

（2）人工释放黑足蝽沟卵蜂：每亩释放黑足蝽沟卵蜂1 000~1 500头，可提高自然寄生率6%~15%。

（3）生物制剂防治：使用生物制剂或特异性杀虫剂（灭幼脲、保幼激素）防治，可减少对天敌的杀伤。

5. 科学用药　发生严重时，可喷杀虫剂进行防治，用50%辛硫磷乳油1 000~1 500倍液，或10%吡虫啉可湿性粉剂1 500倍液，或4.5%高效氯氰菊酯乳油2 000~2 500倍液，或20%氰戊菊酯乳油3 000倍液喷雾。若在成虫产卵前连片防治效果更好。

二十二、　稻绿蝽

分布与为害

稻绿蝽在我国各大豆种植区多有发生。除为害大豆外，还为害水稻、玉米、花生、棉花、十字花科蔬菜、油菜、芝麻、茄子、辣椒、马铃薯、桃、李、梨、苹果等。以成虫、若虫用口针刺吸为害植株顶部嫩叶、嫩茎，叶片被刺吸部位初出现水渍状萎蔫，随后干枯（图1）。严重时上部叶片或豆株顶梢萎蔫。

图1　稻绿蝽在大豆田间密布叶片为害症状

形态特征

1. 成虫　有多种变型，各生物型间因相互交配繁殖而在形态上产生多变。

（1）全绿型：体长12~16 mm，宽6~8 mm，椭圆形。体、足全鲜绿色，头近三角形，触角第3节末及4、5节端半部黑色，其余青绿色。单眼红色，复眼黑色。前胸背板的角钝圆，前侧缘多具黄色狭边。小盾片长三角形，末端狭圆，基缘有3个小白点，两侧角外各有1个小黑点。腹面色淡，腹部背板全绿色（图2）。

（2）点斑型：体长1.3~4.5 mm，宽6.5~8.5 mm。全体背面橙黄色至橙绿色，单眼区域各具1个小黑点。前胸背板有3个绿点，居中的最大，常为菱形。小盾片基缘具3个绿点，中间的最大，近圆形，其末端及翅革质部靠后端各具1个绿色斑。

（3）黄肩型：体长12.5~15 mm，宽6.5~8 mm。与稻绿蝽全绿型很相似，但头及前胸背板前半部为黄色，前胸背板黄色区域有时橙红色、橘红色或棕红色，后缘波浪形。

图2　稻绿蝽成虫（全绿型）

2. 卵　杯形，初产时黄白色，后变红褐色。卵顶端有一环白色齿突。

3. 若虫　共5龄，1龄若虫腹背中央有3个排成三角形的黑斑，后期黄褐色，胸部有1个橙黄色圆斑。2龄若虫体黑色。3龄若虫体黑色，第1、2腹节背面有4个对称白斑（图3）。4龄若虫头部有1个"T"形黑斑。5龄若虫体绿色，触角4节（图4）。

图3　稻绿蝽3龄若虫

图4　稻绿蝽5龄若虫

发生规律

稻绿蝽以成虫在各种寄主上或背风荫蔽处越冬。在北方豆田1年发生1代，在南方一般1年发生3~4代，少数5代。成虫多在白天交配，卵产在寄主叶面上，30~50粒排列成块。初孵若虫聚集在卵壳周围，2龄后分散取食。若虫和成虫有假死性，成虫有趋绿性和趋光性。

绿色防控技术

1. 农业措施

（1）清洁田园：作物收获后，清除田边附近杂草和残枝、枯叶，减少越冬虫源。

（2）人工捕杀：在稻绿蝽为害阶段，进行人工捕杀成虫、若虫或摘除卵块，以减少虫害。

2. 理化诱控 利用黑光灯、杀虫灯诱杀成虫。

3. 科学用药 在若虫盛发高峰期，群集在卵壳附近尚未分散时用药，可选用 2.5% 溴氰菊酯乳油 2 000 倍液，或 2.5% 高效氯氰菊酯乳油 2 000 倍液，或 10% 吡虫啉可湿性粉剂 1 500 倍液，或 20% 氰戊菊酯乳油 2 000 倍液喷雾防治。

二十三、 二星蝽

分布与为害

二星蝽在我国大豆种植区多有发生。寄主范围广泛，除为害大豆外，还为害麦类、水稻、高粱、玉米、棉花、胡麻、甘薯、茄子、桑、无花果等。以成虫、若虫吸食植物茎秆、叶、穗部汁液，使植株生长发育受阻，籽粒不饱满。

形态特征

成虫体长 4.5~5.6 mm，宽 3.3~3.8 mm。头部全黑色，少数个体头基部具浅色短纵纹，喙浅黄色，长达后胸端部。触角 5 节，浅黄褐色。小盾片末端多无明显的锚形浅色斑，在小盾片基角具 2 个黄白光滑的小圆斑。胸部腹面污白色，密布黑色点刻。腹部腹面黑色，节间明显，气门黑褐色。足淡褐色，密布黑色小点刻（图 1、图 2）。

图 1　二星蝽成虫（1）　　　　图 2　二星蝽成虫（2）

发生规律

在山西 1 年发生 4 代。以成虫在枯枝落叶和杂草丛中越冬。翌年 3~4 月开始活动为害。卵多产于叶背面，数十粒排成 1~2 纵行，有的不规则。成虫有趋光性，喜爬行，不喜飞行。

绿色防控技术

1. 农业措施

（1）清洁田园：作物收获后及时清除田间枯枝落叶和杂草，并带出田外堆沤或烧毁，可消灭部分越冬成虫。

（2）人工杀虫：在成虫集中越冬或出蛰后集中为害时，利用成虫的假死性，振动植株，收集落地虫体集中杀死。

2. 科学用药　发生严重时，均匀喷洒 2.5% 溴氰菊酯乳油 2 000 倍液，或 10% 吡虫啉可湿性粉剂 4 000 倍液，或 20% 氰戊菊酯乳油 2 000 倍液，或 48% 毒死蜱乳油 1 000~1 500 倍液等，隔 7 d 喷 1 次，连喷 2~3 次。

二十四、 盲蝽

在豆田为害的盲蝽种类主要有三点盲蝽和中黑盲蝽等，分布北起黑龙江、内蒙古、新疆，向南稍过长江，江苏、安徽、江西、湖北、四川也有发生。寄主范围十分广泛，除为害大豆外，还为害玉米、棉花、小麦、马铃薯等作物。主要以成虫、若虫在寄主叶片及幼嫩部位刺吸汁液，使植株长势减弱。

形态特征

1. 三点盲蝽

（1）成虫：体长 7 mm 左右，黄褐色，被黄细毛。头小三角形，向前突；触角黄褐色，与身体等长。前胸背板紫色，后缘有 1 条黑色横纹，前缘有 2 个黑斑；小盾片及 2 个楔片呈 3 个明显的黄绿色三角形斑（图 1）。

（2）卵：长 1.2 mm，茄形，浅黄色。

图 1　三点盲蝽成虫

（3）若虫：黄绿色，密被黑色细毛。触角第 2~4 节基部淡青色，有赭红色斑点。翅芽末端黑色，达腹部第 4 节（图 2）。

图2　三点盲蝽若虫

2. 中黑盲蝽

（1）成虫：体长7 mm，体表被褐色绒毛。头呈三角形。触角4节，比体长，第1、2节绿色，第3、4节褐色。前胸背板中央有2个黑色圆斑。停歇时各部位相连接，在背上形成1条黑色纵带，故名中黑盲蝽。足绿色，散布黑点（图3）。

（2）卵：淡黄色，长形略弯，卵盖长椭圆形，一侧有1个指状突起。

（3）若虫：全体绿色。头钝三角形，头顶具浅色叉状纹。复眼椭圆形，赤褐色。触角比体长，基部2节淡褐色，端2节深红色。足褐色。若虫共5龄，其中1、2龄无翅芽，3龄后胸翅芽末端达第1腹节中部，4龄翅芽末端达腹部第3节，5龄翅芽末端达腹部第5节（图4）。

图3　中黑盲蝽成虫

图4　中黑盲蝽若虫

发生规律

1. 三点盲蝽 1年发生3代，以卵在洋槐树、加拿大杨树、柳树、榆树及杏树等树皮内越冬，卵多产在疤痕处或断枝的疏软部位。卵的发育起点温度为8 ℃，幼虫发育起点温度为7 ℃。越冬卵在5月上旬开始孵化，若虫共5龄，历时26 d。5月下旬至6月上旬羽化，成虫寿命15 d左右。第2代卵期10 d左右，若虫期16 d，7月中旬羽化，成虫寿命18 d。第3代卵期11 d，若虫期17 d，8月下旬羽化，成虫寿命20 d，后期世代重叠。成虫多在晚间产卵，多半产在作物叶柄与叶片相接处，其次在叶柄和主脉附近。发育的适宜温度为20~35 ℃，最适温度为25 ℃左右，相对湿度为60%以上，因此，6~8月降雨偏多的年份发生严重，干旱年份为害轻。

2. 中黑盲蝽 在长江流域1年发生5~6代，在黄河流域1年发生4代。以卵在苜蓿及杂草茎秆或棉花叶柄中越冬，翌年4月越冬卵开始孵化，孵化后多集中在婆婆纳、小苜蓿等杂草上为害。第1代成虫于5月上旬出现、第2代6月下旬出现、第3代8月上旬出现、第4代9月上旬出现。卵的发育起点温度为5.4 ℃，若虫发育起点温度为9 ℃。

绿色防控技术

1. 农业措施 早春越冬卵孵化前，清除田间及附近杂草；调整作物结构，尽量不在四周种植油料、果树等越冬寄主；科学施肥，合理灌水。

2. 理化诱控 使用绿光灯、黑光灯均能诱杀成虫，有研究表明，绿光灯7月以后对三点盲蝽和中黑盲蝽诱集效果较好。

3. 生物防治 保护利用天敌，如中华草蛉、大草蛉等，发挥其自然控制作用；避免在天敌发生盛期喷药，尤其要避免使用剧毒农药。

4. 科学用药 在若虫初孵盛期或若虫期喷药防治，可亩用1.5%乐果粉剂2 kg喷粉，也可用50%马拉硫磷乳油1 000~1 500倍液，或50%辛硫磷乳油1 000~1 500倍液，或10%吡虫啉可湿性粉剂1 500倍液，或20%氰戊菊酯乳油3 000倍液，或20%杀灭菊酯乳油2 000倍液喷雾防治。

二十五、象甲

分布与为害

　　为害大豆的象甲主要有大灰象甲、蒙古灰象甲、绿鳞象甲等，在全国各大豆种植区多有分布，除为害大豆外，还为害棉花、花生、玉米、烟草、柑橘等。以成虫取食植株的幼嫩部分和叶片（图1~图3），轻者把叶片食成缺刻或孔洞，为害严重时可致植株死亡，造成缺苗断垄。

图1　大灰象甲为害嫩尖

图2　蒙古灰象甲为害叶片症状

图3　绿鳞象甲为害叶片症状

形态特征

1. 大灰象甲

（1）成虫：体长 7~12 mm，体黑色，密被灰褐色及白色具金属光泽鳞片。头部和喙密被金黄色发光鳞片，触角柄节较长，末端 3 节膨大呈棍棒状。长大于宽，复眼大而突出，前胸两侧略突，中沟细，中纹明显。前胸中间和两侧有 3 条褐色纵纹，在鞘翅基部中间有近环状褐斑，鞘翅卵圆形，末端尖锐，中间有 1 条白色横带，横带前、后散布褐色云斑，每一鞘翅有 10 列刻点。后翅退化（图 4）。

图 4　大灰象甲成虫

（2）卵：长约 1 mm，长椭圆形，初产时为乳白色，后渐变为黄褐色。

（3）幼虫：体长约 17 mm，乳白色，肥胖，弯曲，各节背面有许多横皱。

（4）蛹：长约 10 mm，初为乳白色，后变为灰黄色至暗灰色。

2. 蒙古灰象甲

（1）成虫：体长 4.4~6.0 mm，宽 2.3~3.1 mm，卵圆形。体灰色，密被灰黑褐色鳞片，鳞片在前胸形成相间的 3 条褐色、2 条白色纵带，内肩和翅面上具白斑，头部呈光亮的铜色，鞘翅上生 10 条纵列刻点。头喙短扁，中间细，触角红褐色，棒状部长卵形，末端尖。前胸长大于宽，后缘有边，两侧圆鼓，鞘翅明显宽于前胸（图 5）。

图 5　蒙古灰象甲成虫

（2）卵：长 0.9 mm，宽 0.5 mm，长椭圆形，初产时乳白色，后变为暗黑色。

（3）幼虫：体长 6~9 mm，体乳白色，无足。

（4）蛹：裸蛹长 5.5 mm，乳黄色。

3. 绿鳞象甲

（1）成虫：体长 15~18 mm，体黑色，表面密被墨绿色、淡绿色、淡棕色、古铜色、灰色、绿色等闪闪发光的鳞毛，有时杂有橙色粉末。头、喙背面扁平，中间有一宽而深的中沟，复眼十分突出，前胸宽大于长，背面具宽而深的中沟及不规则刻痕。鞘翅上各具 10 个纵列刻点。雌虫腹部较大，雄虫较小（图6、图7）。

（2）卵：长约 1 mm，椭圆形，初为黄白色，孵化前呈黑褐色。

（3）幼虫：长 13~17 mm，初孵时乳白色，后为黄白色，体肥多皱，无足。

（4）蛹：长约 14 mm，黄白色。

图6　绿鳞象甲成虫

图7　绿鳞象甲成虫交尾

发生规律

　　1. **大灰象甲**　在东北、河南、山东等北方地区 2 年发生 1 代，在浙江 1 年发生 1 代。2 年发生 1 代的地区，第 1 年以幼虫越冬，第 2 年以成虫越冬。成虫不能飞，主要靠爬行转移，动作迟缓，有假死性。

4月中下旬从土内钻出，群集于幼苗取食；5月下旬开始产卵，成块产于叶片；6月下旬卵陆续孵化，幼虫孵出后落地，钻入土中。幼虫期生活于土内，取食腐殖质和须根，对幼苗为害不大。随温度下降，幼虫下移，9月下旬下移至60~100 cm深处土层，筑土室越冬。翌年春，越冬幼虫上升至表土层继续取食，春季中午前后活动最盛，夏季在早晨、傍晚活动，中午高温时潜伏。

2. 蒙古灰象甲 在东北、华北2年发生1代。以成虫或幼虫越冬，翌年春均温近10 ℃时开始出土，成虫白天活动，受惊扰假死落地，以10时前后和16时前后活动最盛；夜晚和阴雨天多潜伏在枝叶间和作物根际土缝中，很少活动。成虫经一段时间取食后，开始交尾产卵，一般5月开始产卵，产卵期约40 d，多成块产于表土中。5月下旬幼虫开始孵化，幼虫生活于土中，为害植物地下部组织，至9月末筑土室于内越冬。翌年春继续活动为害，至6月中旬开始老熟，筑土室于内化蛹。7月上旬开始羽化，不出土即在蛹室内越冬，第3年4月出土，2年发生1代。

3. 绿鳞象甲 在长江流域1年发生1代，在华南1年发生2代。以成虫或老熟幼虫越冬，4~6月为成虫发生盛期；广东终年可见成虫为害；浙江、安徽多以幼虫越冬，6月成虫盛发，8月成虫开始入土产卵。成虫白天活动，咬食叶片形成缺刻或仅剩叶脉，早、晚多躲在杂草丛中、落叶下或钻入表土中，飞翔力弱，善爬行，有群集性和假死性。成虫一生可交尾多次，卵多单粒散产在叶片上。幼虫孵化后钻入土中10~13 cm深处取食杂草或树根，幼虫老熟后在6~10 cm土中化蛹。

绿色防控技术

1. 农业措施

（1）加强田间管理：培育壮苗，增强植株抗虫能力；实施灌溉，增加土壤湿度，控制为害；结合冬季管理和中耕除草，消灭越冬幼虫和成虫。

（2）人工捕杀：在成虫交尾期，根据其特有的隐蔽性、群集性及假死性的特点，进行人工捕杀。

2. 理化诱控　在受害重的田块四周挖封锁沟，沟宽、深各 40 cm，内放新鲜或腐败的杂草，诱集绿鳞象甲成虫并集中杀死；采摘鲜嫩的甜菜叶或洋铁酸模（洋铁叶子），用杀虫剂（90% 晶体敌百虫 500 倍液、80% 敌敌畏乳油 1 000 倍液、2.5% 溴氰菊酯乳油 1 000 倍液等）浸泡 1~2 h，取出放于田间诱杀。

3. 生态调控　利用大灰象甲喜食蓖麻的习性，在豆田周围种植蓖麻诱其取食，灭杀后地面收集烧毁；或在豆田周围种一些甜菜或洋铁酸模等蒙古灰象甲喜食植物，在其大量前来取食时集中喷药杀灭。

4. 科学用药

（1）土壤处理：用 5% 辛硫磷颗粒剂对细土，触杀土中越冬成虫，成虫死亡率为 87.9%，防治效果良好。

（2）药剂拌种：播种前，用 20% 乐果乳油 0.5 kg 加水 7~10 kg 稀释，喷在种子上，边喷边搅拌，堆闷 5~10 h，种子阴干后播种。

（3）药剂浇灌或喷洒：在成虫出土为害期，选用 48% 毒死蜱乳油 1 000 倍液，或 1.8% 阿维菌素乳油 2 000 倍液，或 2.5% 高效氯氟氰菊酯乳油 2 000 倍液，或 10% 氯氰菊酯乳油 1 500 倍液，或 50% 辛·氰乳油 2 000 倍液浇灌或喷洒。

二十六、 蛴螬

分布与为害

蛴螬是鞘翅目、金龟甲总科幼虫的总称，在我国为害最重的是大黑鳃金龟、暗黑鳃金龟和铜绿丽金龟。大黑鳃金龟国内除西藏尚未报道外，其他各省（市、区）均有分布。暗黑鳃金龟各省（市、区）均有分布，为长江流域及其以北旱作地区的重要地下害虫。铜绿丽金龟国内除西藏、新疆尚未报道外，其他各省（市、区）均有分布。以气候较湿润且果树、林木多的地区发生较多。蛴螬（图1）食性很杂，可以为害多种农作物、牧草及果树和林木的幼苗。蛴螬取食萌发的种子，咬断幼苗的根、茎，轻则缺苗断垄，重则毁种绝收。蛴螬为害幼苗的根、

图1　蛴螬

茎，断口整齐平截，易于识别。许多种类的成虫还喜食农作物和果树、林木的叶片、嫩芽、花蕾等，造成严重损失（图2、图3）。

图2 铜绿丽金龟为害大豆

图3 中华弧丽金龟为害大豆

形态特征

1.大黑鳃金龟

（1）成虫：体长16~22 mm，宽8~11 mm。黑色或黑褐色，具光泽。触角10节，鳃片部3节呈黄褐色或赤褐色，约为其后6节之长度。鞘翅长椭圆形，其长度为前胸背板宽度的2倍，每侧有4条明显的纵肋。前足胫节外齿3个，内方距1根；中、后足胫节末端距2根。臀节外露，背板向腹下包卷，与腹板相会合于腹面。雄性前臀节腹板中间具明显的三角形凹坑，雌性前臀节腹板中间无三角形凹坑，但具1个横向的枣红色菱形隆起骨片（图4、图5）。

图4 大黑鳃金龟成虫

图5 大黑鳃金龟成虫交尾（女贞）

（2）卵：初产时长椭圆形，长约 2.5 mm，宽约 1.5 mm，白色略带黄绿色光泽；发育后期近圆球形，长约 2.7 mm，宽约 2.2 mm，洁白有光泽。

（3）幼虫：3 龄幼虫体长 35~45 mm，头宽 4.9~5.3 mm。头部前顶刚毛每侧 3 根，其中冠缝侧 2 根，额缝上方近中部 1 根。内唇端感区刺多为 14~16 根，感区刺与感前片

图 6　大黑鳃金龟幼虫

之间除具 6 个较大的圆形感觉器外，尚有 6~9 个小圆形感觉器。肛腹板后覆毛区无刺毛列，只有钩状毛散乱排列，多为 70~80 根（图 6）。

（4）蛹：长 21~23 mm，宽 11~12 mm，化蛹初期为白色，以后变为黄褐色至红褐色，复眼的颜色依发育进度由白色依次变为灰色、蓝色、蓝黑色至黑色。

2. 暗黑鳃金龟

（1）成虫：体长 17~22 mm，宽 9.0~11.5 mm。长卵形，暗黑色或红褐色，无光泽。前胸背板前缘具有成列的褐色长毛。鞘翅伸长，两侧缘几乎平行，每侧 4 条纵肋不显。腹部臀节背板不向腹面包卷，与肛腹板相会合于腹末（图 7）。

图 7　暗黑鳃金龟成虫

图 8　暗黑鳃金龟幼虫

（2）卵：初产时长约2.5 mm，宽约1.5 mm，长椭圆形；发育后期呈近圆球形，长约2.7 mm，宽约2.2 mm。

（3）幼虫：3龄幼虫体长35~45 mm，头宽5.6~6.1 mm。头部前顶刚毛每侧1根，位于冠缝侧。内唇端感区刺多为12~14根；感区刺与感前片之间除具有6个较大的圆形感觉器外，尚有9~11个小的圆形感觉器。肛腹板后部覆毛区无刺毛列，只有散乱排列的钩状毛70~80根（图8）。

（4）蛹：长20~25 mm，宽10~12 mm，腹部背面具发音器2对，分别位于腹部第4、5节和第5、6节交界处的背面中央，尾节呈三角形，2尾角呈钝角岔开。

3. 铜绿丽金龟

（1）成虫：体长19~21 mm，宽10~11.3 mm。背面铜绿色，其中头、前胸背板、小盾片色较浓，鞘翅色较淡，有金属光泽。唇基前缘、前胸背板两侧呈淡黄褐色。鞘翅两侧具不明显的纵肋4条，肩部具疣状突起。臀板三角形，黄褐色，基部有1个倒的正三角形大黑斑，两侧各有1个小椭圆形黑斑（图9、图10）。

图9　铜绿丽金龟成虫　　　　图10　铜绿丽金龟成虫交尾（女贞）

（2）卵：初产时椭圆形，长1.65~1.93 mm，宽1.30~1.45 mm，乳白色；孵化前呈圆球形，长2.37~2.62 mm，宽2.06~2.28 mm，卵壳表面光滑。

（3）幼虫：3龄幼虫体长30~33 mm，头宽4.9~5.3 mm。头部前顶刚毛每侧 6~8 根，排成一纵列。内唇端感区大多 3 根刺，少数为 4 根；感区刺与感前片之间具圆形感觉器 9~11 个，居中 3~5 个较大。肛腹板后部覆毛区刺毛列由长针状刺毛组成，每侧多为 15~18 根，两列刺毛尖端大多彼此相遇或交叉，仅后端稍许岔开些，刺毛列的前端远没有达到钩状刚毛群的前部边缘。

（4）蛹：长 18~22 mm，宽 9.6~10.3 mm，体稍弯曲，腹部背面有 6 对发音器，臀节腹面上，雄蛹有 4 列疣状突起，雌蛹较平坦，无疣状突起。

发生规律

1. 大黑鳃金龟　在我国华南地区 1 年发生 1 代，以成虫在土中越冬；其他地区均是 2 年发生 1 代，成虫、幼虫均可越冬，但在 2 年 1 代区存在不完全世代现象。在北方，越冬成虫于春季 10 cm 处土温上升到 14~15 ℃时开始出土，10 cm 处土温达 17℃以上时成虫盛发。5 月中下旬日均气温 21.7 ℃时田间始见卵，6 月上旬至 7 月上旬日均气温 24.3~27.0 ℃时为产卵盛期，产卵末期在 9 月下旬。卵期 10~15 d，6 月上中旬开始孵化，盛期在 6 月下旬至 8 月中旬。孵化幼虫除极少一部分当年化蛹羽化，大部分当秋季 10 cm 处土温低于 10 ℃时，即向深土层移动，低于 5℃时全部进入越冬状态。翌年春季当 10 cm 处土温上升到 5℃时越冬幼虫开始活动。以幼虫越冬为主的年份，翌年春季麦田和春播作物受害重，而夏秋作物受害轻；以成虫越冬为主的年份，翌年春季作物受害轻，夏秋作物受害重。出现隔年严重为害的现象，群众谓之"大小年"。

2. 暗黑鳃金龟　在江苏、安徽、河南、山东、河北、陕西等地均是 1 年发生 1 代，多数以 3 龄幼虫筑土室越冬，少数以成虫越冬。越冬成虫成为翌年 5 月出土的虫源。越冬幼虫，一般春季不为害，于 4 月初至 5 月初开始化蛹，5 月中旬为化蛹盛期。蛹期 15~20 d，6 月上旬开始羽化，盛期在 6 月中旬，7 月中旬至 8 月上旬为成虫活动高峰期。7 月初田间始见卵，盛期在 7 月中旬，卵期 8~10 d，7 月中旬开始孵化，7 月下旬为孵化盛期。初孵幼虫即可为害，8 月中下旬为幼虫为害盛期。

3. 铜绿丽金龟 1 年发生 1 代，以幼虫越冬。在春季 10 cm 深的土温高于 6 ℃时越冬幼虫开始活动，3~5 月有短时间为害。在江苏、安徽等地越冬幼虫于 5 月中旬至 6 月下旬化蛹，5 月底为化蛹盛期。成虫出现始期为 5 月下旬，6 月中旬进入活动盛期。产卵盛期在 6 月下旬至 7 月上旬。7 月中旬为卵孵化盛期，孵化幼虫为害至 10 月中旬。当 10 cm 深的土温低于 10 ℃时，开始下潜越冬。越冬深度大多在 20~50 cm。室内饲养观察表明，铜绿丽金龟的卵期、幼虫期、蛹期和成虫期分别为 7~13 d、313~333 d、7~11 d 和 25~30 d。在东北地区，春季幼虫为害期略迟，盛期在 5 月下旬至 6 月初。

绿色防控技术

1. 农业措施

（1）土地翻耕：大面积深耕，并随犁拾虫，以降低虫口数量（图 11~ 图 13）。

（2）合理施肥：施腐熟厩肥，蛴螬成虫对未腐熟的厩肥有强烈趋性，易带入大量虫源；碳酸氢铵、腐殖酸铵等化学肥料散发出的氨气对蛴螬等地下害虫具有一定的驱避作用。

（3）合理灌溉：蛴螬发育最适宜的土壤含水量为 15%~20%，如持续过干或过湿，卵不能孵化，幼虫致死，成虫的繁殖和生活力严重受阻。因此，在蛴螬发生严重的地块，合理灌溉，促使蛴螬向土层深处转移，避开幼苗最易受害时期。

（4）人工捕杀：结合耕地、播种等耕作管理，人工捡拾幼虫、蛹

图 11　土壤深翻深度

图 12　土壤深翻　　　　　　　　　图 13　土壤深翻后

和成虫，集中消灭。金龟子发生盛期，利用其傍晚在低矮林木和作物上取食、交配等活动，人工捕捉成虫，饲喂家禽或集中消灭。

2. **理化诱控**　利用金龟子的趋光性、趋化性等进行诱杀。

（1）灯光诱杀：金龟子发生盛期，使用频振式杀虫灯、黑光灯等诱杀成虫（图 14、图 15）。一般 5 月中旬至 8 月底，每天 19 时至次日 5 时开灯。

图 14　杀虫灯　　　　　　　　　图 15　杀虫灯诱杀的金龟子

（2）信息素诱杀：金龟子发生盛期，在田间安置人工合成的金龟子性信息素诱捕器（图 16），捕杀诱到的活虫（图 17）。

（3）食饵诱杀：650 g/L 夜蛾利它素饵剂等食诱剂对很多害虫有强

图 16 金龟子性信息素诱捕器

图 17 性信息素诱捕器诱捕的金龟子

图 18 食诱剂诱杀的金龟子

烈的吸引作用。在金龟子始盛期，将食诱剂与水按一定比例和适量胃毒杀虫剂混匀，倒入盘形容器内，放入田间或田边，并及时检查补充水分。可诱杀取食补充营养的金龟子（图18）及棉铃虫、甜菜夜蛾、银纹夜蛾等害虫成虫。

（4）枝把诱杀：在成虫发生盛期，将新鲜榆树枝用40%氧化乐果或90%晶体敌百虫处理后，扎把插入大豆田内，每亩4~5把，诱杀成虫。

3. 生态调控 在地边田埂种植蓖麻，每亩点种 20~30 棵，毒杀取食的成虫，或在地边、路旁种植少量杨树、榆树等矮小幼苗或灌木丛为诱集带，成虫发生期人工集中捕杀或施药毒杀。

4. 生物防治

（1）保护利用天敌：蛴螬的捕食类天敌有步行虫、蟾蜍、臀钩土蜂、食虫虻等，寄生类的有白僵菌、绿僵菌（图19、图20）、螨、线虫、原生动物等，在生产中应注意保护利用自然天敌的控制蛴螬作用。

（2）生物制剂防治：土壤含水量较高或有灌溉条件的地区，在大豆播种期，可亩用白僵菌粉剂 1 kg，均匀拌细土 1~1.5 kg，随种肥、种子一起施入地下，或亩用绿僵菌颗粒剂 3 kg 直接随种子播种覆土；在大豆生长期（蛴螬成虫始发期），可亩用白僵菌粉剂 1 kg，或绿僵菌粉剂 2kg 进行田间地表喷雾。

图19 绿僵菌菌落

图20 感染绿僵菌的蛴螬

5. 科学用药

（1）土壤处理：每亩可选用 15% 毒死蜱颗粒剂 1~1.5 kg，或 2% 高效氯氰菊酯颗粒剂 2.5~3.5 kg，或 5% 丁硫克百威颗粒剂 3~5 kg，或 5% 辛硫磷颗粒剂 4~5 kg，或 5% 阿维·二嗪磷颗粒剂 1.5~3 kg，或 3% 阿维·吡虫啉颗粒剂 1.5~2 kg 等，混配细土 20~40 kg，撒施大豆根际并浅锄入土。也可用 50% 辛硫磷乳油每亩 200~250 mL，或 48% 毒死蜱乳油 300~600 mL，或 30% 毒·辛微囊悬浮剂 1 000~1 500 mL，或 50%

二嗪磷乳油 300~500 mL 等，对水 10 倍，喷于 25~30 kg 细土中，拌匀成毒土，顺垄条施，随即浅锄，能收到良好效果。

（2）种子处理：大豆播种前，可选用 50% 辛硫磷乳油按药剂：水：种子 = 1 :（30~40）:（400~500），或用 30% 毒死蜱微囊悬浮剂按药剂：种子 = 1 : 50 拌种，以保护种子和幼苗；按种子重量，可选用 0.3%~0.5% 的 600 g/L 吡虫啉悬浮种衣剂，或 1.25%~2.5% 的 8% 氟虫腈悬浮种衣剂，或 2.5%~3% 的 30% 毒死蜱微囊悬浮剂，或 1.5%~2.5% 的 8% 呋虫胺悬浮种衣剂，或 0.6%~0.8% 的 33% 咯菌·噻虫胺悬浮种衣剂，或 0.4%~0.8% 的 25% 噻虫·咯·霜灵悬浮种衣剂等种子包衣或拌种。

（3）沟施毒谷：每亩用 25% 辛硫磷胶囊剂 150~200 g 拌谷子等饵料 5 kg 左右，或 50% 辛硫磷乳油 50~100 g 拌饵料 3~4 kg 撒于种沟中。

（4）喷雾防治：成虫发生盛期，在其喜食的果树、苗木和农作物上喷洒 48% 毒死蜱乳油 2 000 倍液，或 10% 吡虫啉可湿性粉剂 2 000~3 000 倍液，或 4.5% 高效氯氰菊酯乳油 1 000~1 500 倍液，或 20% 甲氰菊酯乳油 1 500 倍液，或 40% 灭多威可溶性粉剂 1 200 倍液，或 40% 毒死蜱乳油 1 000~1 500 倍液，或 20% 氰戊·马拉松乳油 1 500 倍液，或 30% 毒·辛微囊悬浮剂 1 000~1 500 倍液等喷雾。

二十七、　土蝗

分布与为害

　　土蝗是非远距离迁飞的蝗虫种类的统称，种类繁多，分布广泛，多生活在山区坡地以及平原低洼地区的高岗、田埂、地头等处。食性复杂，除为害大豆外，还可为害其他粮食作物、棉花、蔬菜等。据调查，我国有土蝗 176 种，其中河南 104 种、陕西 103 种、河北 74 种、山西 73 种、山东 49 种、天津 29 种、黑龙江 12 种。为害大豆的主要优势种有黄胫小车蝗、短额负蝗、中华稻蝗等（图1、图2）。

图 1　黄胫小车蝗为害大豆　　　　　图 2　短额负蝗为害大豆

形态特征

1. 黄胫小车蝗

　　（1）成虫：雄虫体长 21~27 mm，雌虫体长 30.5~39 mm。虫体黄褐色，有深褐色斑。头顶短宽，顶端圆形。颜面垂直或微向后倾斜，颜面隆起明显，在中眼之下不紧缩，顶端具细小刻点。复眼卵圆形，头侧窝不明显。触角丝状，达或超过前胸背板的后缘。前胸背板中部略缩窄，沟后区的两侧较平，无肩状的圆形突出；中隆线仅被后横沟微切断，背板上有淡色"X"形纹，沟后区图纹比沟前区宽。前翅端部较透明，散布黑色斑纹，基部斑纹大而宽；后翅基部浅黄色，中部的

图 3 黄胫小车蝗成虫

暗色带纹常到达后缘，雄性后翅顶端色略暗。后足股节底侧红色或黄色，后足胫节基部黄色，部分常混杂红色，无明显分界（图 3）。

（2）卵：卵囊细长弯曲，长 27.9~56.9 mm，宽 5.5~8.0 mm，无卵囊盖，囊壁泡沫状，囊内有卵 28~95 粒，平均 65 粒，卵粒与卵囊纵轴呈倾斜状整齐排列成 4 行。卵囊通常分布在含水量稍低、植被覆盖度较低的草原及农田周边的土壤中。卵粒较直或略弯曲，中间较粗，肉黄色，长 4.6~6.0 mm，宽 1.3~1.7 mm，表面有雕刻样花纹。初产的卵表面通常有 6 个隆起细脊所围成的网状小室，脊的交接处有瘤状突起。

（3）幼虫：幼虫又名蝗蝻，蝗蝻有 5 个龄期。前胸背板向上拱起，略呈屋脊状。体多为灰褐色，从 2 龄开始出现绿色个体，且体色的深浅及花纹的变化颇不一致。1 龄蝗蝻体色较深，由复眼前后直到前胸背板后缘中央两侧，各有 1 条较粗的黑褐色带纹；由上唇基直到前胸背板侧缘也各有 1 条较细的褐色条纹。后足股节有 3 个完整的褐色环带。体上有各种花纹异常分明，2 龄体色较浅，仍保留 1 龄蝗蝻时的各种花纹，但花纹的深浅不明显。3 龄蝗蝻体色稍深，头部及前胸背板上的花纹大部消失，仅保留部分残余痕迹，后足股节上的环带也不完整，在前胸背板上开始出现"X"形花纹，但不甚明显。4 龄蝗蝻体色、花纹等与 3 龄蝗蝻相似，但前胸背板上"X"形花纹较显著。5 龄蝗蝻头及前胸背板上的花纹又较 4 龄蝗蝻明显，后足股节的黑色环带不完整。

1 龄蝗蛹体长 5~7 mm，翅芽很小，不明显，呈半圆形，其长几乎与中胸和后胸背板相平；2 龄蝗蛹体长 6~9 mm，翅芽较明显，呈半椭圆形，略突出于中胸和后胸背板的后缘；3 龄蝗蛹体长 8~13 mm，翅芽远远超过中胸和后胸背板的后缘，前翅芽狭长，后翅芽略呈长三角形；4 龄蝗蛹体长 12~19 mm，翅芽向背后方翻折，其长可伸达第 4 腹节背板的后缘，并将听器掩盖。

2. 短额负蝗

（1）成虫：体中小型。雄虫体长 19~23 mm，雌虫体长 28~36 mm。头顶较短，其长度等于或略长于复眼纵径。体绿色或土黄色。头部圆锥形，呈水平状向前突出。前翅较长，后翅略短于前翅，基部粉红色（图 4）。

图 4　短额负蝗成虫

（2）卵：卵囊长 28~40 mm，宽 4.1~6.3 mm，囊壁泡沫状，极易破裂，使卵粒散离。卵粒上的泡沫状物质较厚，可超过 20 mm，卵粒间仅有少量泡沫状物质，并不与卵粒粘连。卵囊内有卵 32~160 粒，卵粒在卵囊内与卵囊纵轴呈平行状堆积排列。卵粒长 3.9~4.6 mm，宽 0.8~1.2 mm，黄褐色或栗棕色。卵粒较直，中间较粗，向两端渐细。

（3）幼虫：蝗蛹有 5~6 个龄期。体为草绿色或土黄色。头部为圆锥形。触角剑状。前胸背板有侧隆起。1 龄蛹体长 4.3~6.0 mm，翅芽不明显；2 龄蛹体长 6.0~8.0 mm，前翅芽突出呈三角形；3 龄蛹体长 8.0~16.0 mm，前、后翅芽突出均呈三角形；4 龄蛹体长 16.0~19.0 mm，前、后翅芽均向后平伸；5 龄蛹体长 18.5~21.6 mm，翅芽向背后方翻折；6 龄蛹体长 24.0~29.5 mm，翅芽超过腹部第 2 节（图 5）。

图 5　短额负蝗蝗蛹

3. 中华稻蝗

（1）成虫：雌虫体长 36~44 mm，雄虫体长 30~33 mm，黄绿色或黄褐色，有光泽。头顶两侧在复眼后方各有 1 条黑褐色纵带，经前胸背板两侧，直达前翅基部。前胸腹板有 1 个锥形瘤状突起。前翅长超过后足腿节末端（图 6）。

图 6　中华稻蝗成虫

（2）卵：卵囊粗短，长 9~16.8 mm，宽 6~10 mm，呈茄形或长茄形，下端钝圆，上端斜切，略内凹，表面光滑，无卵囊盖。囊壁泡沫状，呈黄褐色，有的黏有少量泥土。卵囊内有卵 8~67 粒，几乎占满整个卵囊。卵粒与卵囊纵轴呈倾斜状，分两层排列，每层 4~5 行。卵粒黄色或土黄色，长 4.5~5.2 mm，宽 1.24~1.68 mm。一般较直或略弯曲，中间较粗，两端较细，上端钝圆，下端狭圆。卵壳表面黏有一层不易去掉的泡沫状质。

（3）幼虫：共 6 个龄期。第 6 龄蝗蝻羽化为成虫。蝗蝻额颊倾斜度较大，头部呈三角形，复眼为长椭圆形，绛赤色。前胸背板略呈覆瓦状，在中部有 3 条横沟。

各龄期的区别：

1 龄蝻全身为黄绿色，体长 4~7 mm，触角 13 节，翅芽尚未显出。2 龄蝻体长 6~10mm，触角 14~17 节。体色转为油绿色，中胸和后胸背板的后下方稍有翅芽出现，后缘为圆形，未伸过中胸及后胸的边缘。3 龄蝻体长 9~14 mm，触角 18~19 节。翅芽比较明显，稍突出于中胸及后胸的后缘。前翅芽呈舌状，后翅芽呈半圆形。前胸背板中央两侧各呈现 1 条不很明显的浅褐色条纹，两纹之间呈淡黄色。4 龄蝻体长 12~17 mm，触角 20~22 节。翅芽显著突出于中胸及后胸的后缘向后下方伸展。前翅芽略呈三角形，后翅芽呈舌形。5 龄蝻体长 16~22 mm，触角 23~27 节。翅芽向背后方翻折，长超过腹部背板第 3 节。6 龄蝻体长 23~26 mm，触角 28~29 节。后翅三角形，前翅狭长。翅芽向背后方翻折，长度超过第 3 腹节背板。

发生规律

1. 黄胫小车蝗　在河北北部及西部山区及晋中、晋北地区1年发生1代，在河北南部、陕西关中地区和汉水流域、山西南部的黄河沿岸低海拔地区及山东、河南等地1年发生2代，各地均以卵越冬。1代区越冬卵于6月上中旬孵化，6月下旬至7月上旬进入孵化盛期，7月下旬至8月上旬羽化为成虫，8月中旬为羽化高峰，9月上中旬为产卵盛期，10月中下旬成虫陆续死亡。2代区越冬卵于5月中旬孵化，5月下旬至6月上旬进入孵化盛期，6月下旬至7月上中旬羽化出第1代成虫，7月中下旬产卵；第2代蝗蝻于7月下旬至8月上旬开始孵化，8月中旬进入孵化盛期，9月中下旬羽化出第2代成虫，第1代、第2代成虫均于10月下旬至11月上旬死亡。蝗蝻和成虫均具有群集习性和一定的迁移能力。

2. 短额负蝗　在河北1年发生2代，以卵过冬。越冬卵5月中下旬孵化，6月下旬开始羽化，7月下旬开始产卵。第2代蝗蝻于8月上中旬孵化，9月上旬羽化，9月下旬产卵，10月下旬至11月上旬成虫陆续死亡。在山西每年发生1~2代，北纬38°以南为2代区，以北为1代区，均以卵越冬。1代区越冬卵于6月中旬开始孵化出土，8月下旬开始羽化，9月上旬开始产卵，10月中旬成虫陆续死亡。2代区越冬卵于5月下旬开始孵化，7月上旬开始羽化，8月上旬进入产卵盛期；1代蝗卵于8月中旬孵化，9月中旬开始羽化，10月上旬产越冬卵，10月下旬开始陆续死亡。2代区有世代重叠现象。在长江流域1年发生2代。以卵在土中越冬。越冬卵于5月孵化，11月雌成虫再产越冬卵。成虫喜在高燥向阳的道边、渠堰、堤岸及杂草较多的地方产卵。

3. 中华稻蝗　在南方地区一般1年发生2代，华北及东北地区1年发生1代。2代区以卵在稻田田埂及其附近荒草地的土中越冬。越冬卵于3月下旬至清明前孵化。第1代成虫出现于6月上旬，第2代成虫出现于9月上中旬，9月中旬为羽化盛期，10月中旬产卵越冬。1代区，以卵在田边、地埂、渠堰及荒草滩等处的土中越冬。越冬卵于5月上中旬开始孵化，5月下旬至6月上旬进入孵化盛期，7月中旬至

8月上中旬羽化为成虫。成虫寿命较长，10月下旬至11月中旬才陆续死亡。成虫有一定的飞翔能力，可做短距离成群迁飞。

绿色防控技术

1. 农业措施　依据土蝗喜产卵于田埂、渠坡、埝埂等处的习性，深耕细耙，结合修整田埂、清淤等农事活动，用铁锹铲田埂，深度2~3 cm，或清淤时将土翻压于渠埝之上，将卵块铲断，效果明显。

2. 生态调控　利用土蝗不适宜在林区、植被生长茂盛和高大草地处滋生的习性，对土蝗滋生繁衍的荒山、荒坡、荒滩、荒沟进行改造，压缩"四荒"面积，大力推行"宜林则林、宜草种草"的生态改造，在"四荒"植树种草，发展果树等经济林，紫穗槐、柠条等灌木林，种植高大密植的紫花苜蓿等优质牧草。

3. 生物防治

（1）保护利用天敌：利用鸟类、蛙类、螳螂（图7）、螨类、病原微生物等天敌控制虫口密度。

（2）生物制剂防治：可选用蝗虫微孢子虫制剂，每亩浓度为2×10^9个孢子，或用绿僵菌、苦皮藤素、狼毒素等生物制剂防治。

图7　螳螂

4. 科学用药　在生态控制的基础上，根据"挑治为主，普治为辅，巧治低龄"的方针，对土蝗密度已超过或即将达到防治标准的田块，及时采取补救措施，合理使用化学农药进行防治。可选用45%马拉硫磷乳油1 000倍液，或5%氟虫脲水剂1 000倍液，或2.5%溴氰菊酯乳油1 500倍液喷雾。

根据不同地区土蝗优势种的为害特点和农作物的生长发育时期，因地制宜做好以下三个阶段的工作：一是春末夏初保苗防治，此期的主攻对象是挑治丘陵山区的早发性蝗虫，重点保护豆类、薯类等早春作物苗期的生长，防治适期以 4 月底至 5 月中旬为宜；二是夏季保苗防治，主要防治对象是中华稻蝗、黄胫小车蝗等；三是秋季保苗防治，防治的重点是黄胫小车蝗等，防治适期一般在秋播麦苗出土之前（9 月下旬至 10 月上旬）。

二十八、　蟋蟀

分布与为害

　　蟋蟀又称促织，俗名蛐蛐，发生较普遍的有油葫芦、大蟋蟀等数种。大蟋蟀是华南地区的主要地下害虫，而华北、华东和西南地区以油葫芦为主。蟋蟀是一种杂食性害虫，主要为害带有香甜味的植物，如豆类、芝麻、瓜类、花生等。以成虫、若虫为害大豆的叶、茎、豆荚等（图1、图2）。

图1　蟋蟀为害大豆叶片

图2　蟋蟀为害大豆豆荚

形态特征

　　（1）成虫：雄性体长 18.9~22.4 mm，雌性体长 20.6~24.3 mm，身体背面黑褐色，有光泽，腹面为黄褐色。头顶黑色，复眼内缘、头部及两颊黄褐色。前胸背板有2个月牙纹，中胸腹板后缘内凹。前翅淡褐色，有光泽，后翅尖端纵折，露出腹端很长，形如尾须。后足褐色，强大，胫节具刺6对，具距6枚（图3）。

（2）卵：长筒形，两端微尖，乳白色微黄。

（3）若虫：共6龄，体背面深褐色，前胸背板月牙纹甚明显，雌、雄虫均具翅芽（图4）。

图3　蟋蟀成虫　　　　　　　　图4　蟋蟀若虫

发生规律

蟋蟀1年发生1代，以卵在土中越冬。若虫共6龄，4月下旬至6月上旬若虫孵化出土，7~8月为大龄若虫发生盛期。8月初成虫开始出现，9月为发生盛期，10月中旬成虫开始死亡，个别成虫可存活到11月上中旬。成虫、若虫夜晚活动，平时喜居暗处，夜间喜扑向灯光。气候条件是影响蟋蟀发生的重要因素，通常4~5月雨水多，泥土湿度大，有利于若虫的孵化出土。5~8月降大雨或暴雨，不利于若虫的生存。

绿色防控技术

1. 农业措施

（1）耕地深翻：蟋蟀通常将卵产于1~2 cm的土层中，冬春季耕翻地，将卵深埋于10 cm以下的土层，若虫难以孵化出土，可降低卵的有效孵化率。

（2）合理轮作：有条件的地区实行水旱轮作，以减轻蟋蟀为害。

（3）清洁田园：田间清除的杂草不要堆放在地头；麦茬大豆的田间地头不要堆放麦秸、麦糠，以防蟋蟀滋生和匿藏。

（4）加强田间管理：大豆田要尽量精耕细作、深耕多耙，施用充分腐熟的农家肥。

2. 理化诱控

（1）灯光诱杀：利用蟋蟀成虫的趋光性，用杀虫灯或黑光灯诱杀成虫，可使田间虫口数量明显减少。

（2）堆草诱杀：蟋蟀若虫和成虫白天有明显的隐蔽习性，利用蟋蟀喜栖息于薄草堆下面的特性，于傍晚按 5 m 一行、3 m 一堆均匀地在田间或地头设置一定数量 5~15 cm 厚的草堆，可大量诱集若虫、成虫，次日早晨进行集中捕杀。如能在草堆下面放些毒饵或用直径 3~5 cm 的木棍捣成洞穴，可有效提高防治效果。

3. 生物防治　可积极利用寄生螨和鸟类、青蛙等捕食天敌，降低田间蟋蟀数量。

4. 科学用药　蟋蟀活动性强，应采用封锁式防治，即先从豆田四周开始，逐渐向田中心推进，这样外逃的蟋蟀也会触药而死。同时地边堆放的麦秸和麦糠上下层也要充分喷药，以有效毒杀藏匿的蟋蟀。

（1）毒饵诱杀：采用麦麸毒饵，用 80% 敌敌畏乳油或 50% 辛硫磷乳油 50 mL，加少量水稀释后拌 5 kg 炒香的米糠、麦麸或粉饼，于傍晚在大豆田撒施，每亩地撒施 1~2 kg；或采取鲜草毒饵，用 80% 敌敌畏乳油或 50% 辛硫磷乳油 50 mL，加少量水稀释后拌 20~25 kg 鲜草撒施田间。

（2）药剂灌根：蟋蟀白天多隐伏在作物根部附近的地皮裂缝或自然洞穴中，在大豆封垄后，可用 50% 辛硫磷乳油对水 1 500 倍液，小型喷雾器拧下旋水片，顺垄喷浇植株根部，杀灭效果明显。

（3）喷雾防治：蟋蟀发生密度大的地块，于傍晚前用 48% 毒死蜱乳油 2 000 倍液，或 50% 辛硫磷乳油 1 500~2 000 倍液喷洒大豆茎基部及周边土壤，对蟋蟀为害较重的田块，注意交替用药和轮换用药，施药后遇雨要及时补喷，每 7 d 喷 1 次药，连续喷 2~3 次。也可用 40% 马拉·毒死蜱，每桶水（15 kg）使用 15~30 mL，进行地面喷雾；此药剂具有触杀、趋避作用，持效期长，未能喷到蟋蟀身上也会将蟋蟀趋避出农田，达到保护作物目的。喷雾时蟋蟀会移动，可以绕圈喷雾，从外向内喷雾，可以杀灭大量害虫。大豆收获前 14 d 内严禁用药。

二十九、 蜗牛

分布与为害

　　蜗牛又称蜒蚰螺、水牛，为软体动物，主要有灰巴蜗牛和同型巴蜗牛两种，均为多食性，除为害大豆外，还为害十字花科、豆科、茄

图1　蜗牛为害豆田状

图2　蜗牛为害大豆叶片

图3　蜗牛为害大豆顶芽

图4　蜗牛为害大豆豆荚

科蔬菜以及棉、麻、甘薯、谷类、桑、果树等多种作物。幼贝食量很小，初孵幼贝仅食叶肉，留下表皮，稍大后以齿舌刮食叶、茎，形成孔洞或缺刻（图1~图4），甚至咬断幼苗，造成缺苗断垄。

形态特征

灰巴蜗牛和同型巴蜗牛成螺的贝壳大小中等，壳质坚硬。

1. 灰巴蜗牛 壳较厚，呈圆球形，壳高 18~21 mm，宽 20~23 mm，有 5.5~6 个螺层，顶部几个螺层增长缓慢，略膨胀，体螺层急剧增长膨大。壳面黄褐色或琥珀色，常分布暗色不规则形斑点，并具有细致而稠密的生长线和螺纹；壳顶尖，缝合线深，壳口呈椭圆形，口缘完整，略外折，锋利，易碎。

图 5 灰巴蜗牛

轴缘在脐孔处外折，略遮盖脐孔，脐孔狭小，呈缝隙状（图5）。卵为圆球形，白色。

2. 同型巴蜗牛 壳质厚，呈扁圆球形，壳高 11.5~12.5 mm，宽 15~17 mm，有 5~6 个螺层，顶部几个螺层增长缓慢，略膨胀，螺旋部低矮，体螺层增长迅速、膨大。壳顶钝，缝合线深，壳面黄褐色至灰褐色，有稠密而细致的生长线。体螺层周缘或缝合线处常有 1 条暗褐色带，有些个体无。壳口呈马蹄形，口缘锋利，轴缘外折，遮盖部分脐孔。脐孔小而深，呈洞穴状。个体间形态变异较大。卵为卵球形，乳白色有光泽，渐变淡黄色，近孵化时为土黄色。

发生规律

蜗牛属雌雄同体、异体交配的动物，一般 1 年繁殖 1~3 代，在阴雨多、湿度大、温度高的季节繁殖很快。5 月中旬至 10 月上旬是它们的活动盛期，6~9 月活动最为旺盛，一直到 10 月下旬开始下降。

11月下旬以成贝和幼贝在田埂土缝、残株落叶、宅前屋后的砖块瓦片下等处越冬。翌年3月上中旬开始活动，蜗牛白天潜伏，傍晚或清晨取食，遇有阴雨天则整天栖息在植株上。4月下旬至5月上旬成贝开始交配，此后不久产卵，成贝1年可多次产卵，卵多产于潮湿疏松的土里或枯叶下，每个成贝可产卵50~300粒。卵表面有黏液，干燥后把卵粒粘在一起成块状，初孵幼贝多群集在一起取食，长大后分散为害，喜栖息在植株茂密低洼潮湿处。

一般成贝存活2年以上，性喜阴湿环境，如遇雨天，昼夜活动，因此温暖多雨天气及田间潮湿地块受害较严重。天气干旱时，白天潜伏，夜间出来为害；若连续干旱便隐藏起来，并分泌黏液，封住出口，不吃不动，潜伏在潮湿的土缝中或茎叶下，待条件适宜时，如下雨或浇水后，于傍晚或早晨外出取食。11月下旬开始越冬。

蜗牛行动时分泌黏液，黏液遇空气干燥发亮，因此蜗牛爬行的地面会留下黏液痕迹。

绿色防控技术

1. 农业措施

（1）合理轮作倒茬：与葱蒜类、韭菜等作物轮作2年。

（2）地膜覆盖栽培：尽量采用地膜覆盖栽培，不仅有利于大豆生长，也可在一定程度上阻止蜗牛爬出地面，减轻为害。

（3）清洁田园：在蜗牛发生严重地块，铲除田间、地头、垄沟旁边的杂草、秸秆，保持地面清洁、平整，破坏蜗牛栖息和产卵场所。

（4）适时中耕：大豆生长期，及时中耕松土，使卵及成贝暴露于土壤表面，在阳光下暴晒而亡。

（5）深翻土地：秋后及时深翻土壤，可使部分越冬成贝、幼贝暴露于地面冻死或被天敌啄食，卵则被晒裂而死。

（6）人工捕杀：于傍晚、早晨或阴天蜗牛活动时，对植株上的蜗牛进行捕捉，集中处理。

（7）石灰隔离：大豆种植前，在地头或行间撒10 cm左右的生石灰带（图6），每亩用生石灰5~8 kg，蜗牛不敢越过石灰带，若强行从石灰带爬过，一般都会被杀死。
每隔5~7 d撒施1次，连续2~3次。

2. 理化诱控 利用蜗牛昼伏
夜出、黄昏为害的特性，在田间
设置瓦块、菜叶、树叶、杂草或
扎成把的树枝，白天蜗牛常躲在
其中，可集中捕杀。也可将胡萝卜、
菜叶、豆叶、麸饼等盛在开口的
器皿内作为诱饵，再集中杀死。

图6 防治蜗牛的生石灰

3. 生物防治

（1）毒饵诱杀：用多聚乙醛配制成含 2.5%~6% 有效成分的豆饼
（磨碎）或玉米粉等毒饵，在傍晚时，均匀撒施在田垄上进行诱杀。

（2）生物制剂防治：亩用 95% 松树油乳油 200 mL+90% 茶皂素助
剂粉剂 250 mL，对水 40 kg 喷雾防治。

4. 科学用药

（1）撒颗粒剂：当清晨蜗牛未潜入土时，选择专用于杀灭软体
动物的药剂，如用 8% 灭蛭灵颗粒剂或 10% 多聚乙醛颗粒剂，每亩用
2 kg，均匀撒于田间进行防治；或亩用 6% 四聚乙醛颗粒剂 500 g，或 6%
除蜗净颗粒剂 600~750 g，拌细土 15~20 kg，于天气温暖、土表干燥的
傍晚，均匀撒施在作物附近的根部行间，防治效果较好。

（2）喷洒药液：可亩用 3% 高氯·甲维盐乳油 90 mL，或 22% 噻
虫·高氯氟微囊悬浮 – 悬浮剂 15 mL，或 45% 石硫合剂可溶性粒剂
400 g 对水 50 kg 喷雾；或用 80% 四聚乙醛可湿性粉剂 1 000~1 500
倍液，或 70% 杀螺胺可湿性粉剂 1 500~2 000 倍液，或 70% 氯硝柳胺
1 000 倍液，或氨水 70~100 倍液，或 1% 食盐水喷洒防治。注意：选
择下午 4 时以后进行地面喷药，遇雨重喷。蜗牛有群体大、转移为害
的特点，提倡连片用药统防统治。

三十、 **大造桥虫**

分布与为害

　　大造桥虫主要发生在长江流域和黄河流域，呈间歇性、局部为害，为害大豆、花生、棉花等作物，以幼虫蚕食叶片，严重时整株被食光秃，片叶不留（图1、图2）。

图1　大造桥虫为害大豆吃光叶片症状　　　图2　大造桥虫幼虫为害叶片呈缺刻状

形态特征

　　（1）成虫：体长16~20 mm，翅展38~45 mm。体色变异大，多为灰褐色。前、后翅内横线、外横线为深褐色，条纹对应连接。前、后翅上各有1条暗褐色星纹（图3）。

　　（2）卵：长椭圆形，青绿色。

　　（3）幼虫：低龄幼虫体灰黑色，逐渐变为灰白色；老熟幼虫体长约40 mm，灰黄色或黄绿色，头较大，有暗点状纹。幼虫腹部第2节背中央近前缘处有1对深黄褐色毛瘤，腹部仅有1对腹足（图4~图6）。

（4）蛹：体长14 mm左右，深褐色，有臀棘2根（图7）。

图3　大造桥虫成虫

图4　大造桥虫幼虫（绿色型）

图5　大造桥虫幼虫（土黄色型）

图6　大造桥虫幼虫蜕皮

图7　大造桥虫蛹

发生规律

大造桥虫多数为 1 年发生 3 代。成虫多昼伏夜出，趋光性较强，多趋向于植株茂密的豆田内产卵，卵多产在豆株中上部叶片背面。幼虫 5~6 龄，低龄幼虫喜欢隐蔽在叶背面剥食叶肉，3 龄后主要为害豆株上部叶片，食量增加，5 龄后进入暴食期。

绿色防控技术

1. 农业措施

（1）清洁田园：在大豆播种前或收获后，清除田间及四周杂草，集中沤肥。

（2）加强田间管理：在大豆播种前或收获后，深翻灭茬，晒土，并利用冬耕消灭土壤中的越冬蛹；合理密植，科学施肥，增施磷钾肥。

（3）人工捕杀：大造桥虫的卵颜色明显，大发生时聚产，在卵盛期，可以查找地面、土缝及草茎、叶柄、枝杈等处卵粒或卵块，人工刮抹消灭，对大造桥虫的大发生可以起到很好的控制作用。结合农事操作，人工捕杀大龄幼虫。

2. 理化诱控

利用大造桥虫的趋光性、趋化性等特性，于成虫发生盛期，在田间设置频振式杀虫灯、黑光灯、高压汞灯、性诱捕器或杨树枝把等诱杀成虫。

3. 生物防治

（1）保护利用天敌：大造桥虫的天敌种类较多，主要有姬蜂、茧蜂、赤眼蜂、寄生蝇、螳螂、步甲（图 8）、蜘蛛、鸟雀（图 9）、青蛙、蟾

图8　天敌——步甲

图9　天敌——鸟雀

蜾、绿僵菌、病毒等种类，对大造桥虫的发生有相当大的控制作用（图10），应注意保护和利用天敌。

图 10　大造桥虫幼虫被天敌寄生状

（2）释放天敌：大造桥虫大发生年份，在成虫产卵初期至卵盛期，人工释放赤眼蜂或茧蜂等天敌。

（3）生物药剂：在幼虫盛期，选用青虫菌或杀螟杆菌（每克含100亿孢子）1 000~1 500 倍液，或 1% 苦皮藤素水乳剂 1 000~1 500 倍液，或 100 亿个孢子 /mL 的短稳杆菌悬浮剂 500~800 倍液喷雾。也可每亩选用 400 亿个孢子 /g 的球孢白僵菌可湿性粉剂 25~30 g，或 20 亿个 /mL 甘蓝夜蛾核型多角体病毒悬浮剂 50~60 mL，或 1% 印楝素微乳剂 40~60 mL，或 0.4% 蛇床子素乳油 100~120g/ 亩，或 0.6% 苦参碱水剂 60~100 mL 等，对水 40~60 kg，均匀喷雾。间隔 7~10 d 防治 1 次，发生严重时，连续防治 2~3 次。

4. 科学用药　在幼虫 3 龄前，喷施 25% 灭幼脲悬浮剂 1 500~2 000倍液，或 20% 除虫脲悬浮剂 1 000~2 000 倍液，或 50% 辛硫磷乳油 1 500~2 000 倍液，或 3% 甲维·氟铃脲乳油 1 000~2 000 倍液，或 4.5% 高效氯氰菊酯乳油 1 000~2 000 倍液，或 5% 锐劲特悬浮剂 1 500 倍液，或 2.5% 溴氰菊酯乳油 3 000 倍液，或 5% 高效氯氰菊酯乳油 2 000倍液。

三十一、 小造桥虫

分布与为害

小造桥虫又称棉小造桥虫、小造桥夜蛾、棉夜蛾。在黄河流域和长江流域为害较重。以幼虫取食叶片、花、豆荚和嫩枝。低龄幼虫取食叶肉，留下表皮，像筛孔；大龄幼虫把叶片咬成许多缺刻或孔洞，为害严重时可将叶片食尽，只留下叶脉。

形态特征

（1）成虫：体长为 10~13 mm，翅展 26~32 mm，头胸部橘黄色，腹部背面灰黄色或黄褐色。前翅外端呈暗褐色，有 4 条波纹状横纹，内半部淡黄色，有红褐色小点。雄蛾触角双栉状，雌蛾触角丝状（图1）。

图1 小造桥虫成虫

（2）卵：青绿色到褐绿色，扁椭圆形。卵壳上的纵脊和横脊比较明显。

（3）幼虫：老熟幼虫体长 33~37 mm，头淡黄色，体黄绿色，背线、亚背线、气门上线灰褐色，中间有不连续的白斑，以气门上线较明显。第 1 对腹足退化，第 2 对较短小，第 3、4 对足趾钩 18~22 个，爬行时虫体中部拱起，似尺蠖（图2）。

（4）蛹：红褐色，有 3 对尾刺（图3）。

图2　小造桥虫幼虫

图3　小造桥虫蛹

发生规律

　　小造桥虫在黄河流域1年发生3~4代。第1代幼虫为害盛期在7月中下旬，第2代为害盛期在8月上中旬，第3代为害盛期在9月上中旬。成虫有较强的趋光性，对杨树枝也有趋性，夜间取食、交配、产卵。卵散产在叶片背面。初孵幼虫活跃，有吐丝下垂习性，受惊滚动下落，常随风飘移转株为害。1~2龄幼虫常取食下部叶片，稍大则转移至上部叶片为害，4龄后进入暴食期。幼虫老熟后先吐丝后化蛹，把豆叶的一角缀成苞，有的吐丝把相邻两叶叠合，在其内化蛹。小造桥虫为害多在7月下旬以后，大发生的时间与损失关系密切，发生越早损失越重。

绿色防控技术

　　1. 农业措施　大豆收获后，及时清除田间枯枝落叶和杂草，集中烧毁或沤肥，以清除越冬蛹。

　　2. 理化诱控　在小造桥虫成虫发生期，在田间用杨树枝把或黑光灯、杀虫灯、性诱捕器诱杀成虫。

　　3. 生物防治

　　（1）保护利用天敌：小造桥虫的天敌有棉小造桥虫绒茧蜂、棉夜蛾绒茧蜂、螟蛉悬茧姬蜂、斑痣悬茧蜂、赤眼蜂、草蛉、胡蜂、小花蝽、瓢虫及菌类等（图4~图6）。寄生蜂大多在1~4龄的小造桥虫幼虫体

图4 天敌——姬蜂

图5 天敌——茧蜂的蛹

上产卵寄生，使小造桥虫死于暴食期前，从而在自然控制小造桥虫中起着一定的作用。因而在天敌发生盛期使用药剂防治病虫害时，应尽量选用对天敌杀伤小的农药品种及施药方法。

（2）生物制剂防治：在幼虫孵化盛末期到3龄盛期，可亩用8 000 IU/ mL苏云金杆菌可湿性粉剂100~500 g，或0.38%苦参

图6 小造桥虫被寄生

碱乳油75~100 mL，或0.7%印楝素乳油40~50 mL，1%印楝素微乳剂40~60 mL，对水40~50 kg，均匀喷雾。

4. 科学用药　在幼虫孵化盛末期到3龄盛期，可选用50%辛硫磷·氰戊菊酯1 500~2 000倍液，或40%敌·马乳油1 000倍液，20%虫酰肼悬浮剂2 000倍液，或48%乐斯本乳油2 000倍液，或48%毒死蜱乳油2 000倍液，或5%氟虫脲可分散液剂1 500倍液喷雾；也可亩用2.5%溴氰菊酯乳油20~40 mL，或50%氟啶脲乳油75~120 mL，对水40~50 kg喷雾，注意农药的交替使用。

三十二、 小绿叶蝉

分布与为害

小绿叶蝉在全国各地普遍发生。主要为害豆科、禾本科、棉花、马铃薯等作物及十字花科蔬菜、果树等。以成虫、若虫吸食植株汁液，受害叶片出现白色斑点，严重时叶片苍白早落。

形态特征

（1）成虫：体长 3.3~3.7 mm，淡黄绿色。头背面略短，向前突，喙微褐色，基部绿色。前胸背板、小盾片浅绿色，常具有白色斑点。前翅半透明，淡黄白色，周缘具淡绿色细边；后翅透明膜质（图 1）。

（2）卵：香蕉形，乳白色。

（3）若虫：体长 2.5~3.5 mm，与成虫相似（图 2）。

图 1 小绿叶蝉成虫

图 2 小绿叶蝉若虫

发生规律

小绿叶蝉 1 年发生 4~6 代。以成虫在落叶、杂草中越冬或低矮绿色植物中越冬，翌年春季开始为害，8~9 月虫口数量最多，为害最重，秋后以末代成虫越冬。成虫善跳，可借风力扩散。成虫、若虫喜在白天活动，在叶背刺吸汁液或栖息。

绿色防控技术

1. 农业措施

（1）轮作套种：合理轮作倒茬，避免连作，实行大豆与红花、玉米、高粱等高秆作物间作套种，招引天敌聚集繁衍，发挥多种天敌的自然控制作用。

（2）清洁田园：苗期勤中耕除草，铲除田间及周边自生苗和越冬寄主。秋冬季节，彻底清除落叶、枯草，集中烧毁，消灭越冬成虫。

2. 理化诱控 在成虫发生期，利用小绿叶蝉的趋光性、趋黄性和趋化性，在田间设置杀虫灯（图 3）、黄色黏板诱杀成虫（图 4），也可

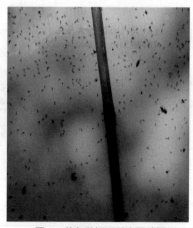

图 3　杀虫灯诱杀　　　　　　图 4　黄色黏板诱杀小绿叶蝉

用信息素黄板诱杀，在黄板中间留小孔或用细绳固定，安置小绿叶蝉性诱芯（图5）。每亩用黄板 15~30 片（25 cm×30 cm），悬挂高度以黄板底边高于大豆植株顶梢 10~20 cm 为宜，黄板黏度下降或粘满虫子时，注意及时清理死虫和更换黄板及诱芯（图6）。

图5　信息素黄板诱杀

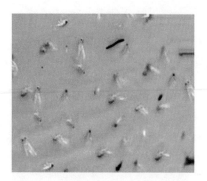

图6　信息素黄板诱杀小绿叶蝉效果

3. 生物防治

（1）保护利用天敌：天敌有卵寄生蜂、缨小蜂、草蛉、蜘蛛和白僵菌、绿僵菌等，要注意保护利用或释放天敌（图7~图9）。

（2）生物药剂防治：可选用球孢白僵菌、金龟子绿僵菌、鱼藤酮、苦参碱、藜芦碱可等制剂喷雾防治。

图7　天敌捕食小绿叶蝉

4. 科学用药

防治小绿叶蝉宜早不宜晚，不仅要控制其直接为害，更重要的是预防其传播的病毒病的发生为害。

（1）种子处理：可按种子重量，选用 0.3%~0.5% 的 30% 噻虫嗪种子处理悬浮剂，或 0.4%~0.6% 的 35% 苯甲·吡虫啉种子处理悬浮剂，或 0.5%~0.6% 的 35% 噻虫·福·萎锈悬浮种衣剂，或 0.7%~1.0% 的 40% 唑醚·萎·噻虫悬浮种衣剂等包衣或拌种。

图8 小绿叶蝉感染球孢白僵菌（引自李万里）

图9 小绿叶蝉感染金龟子绿僵菌（引自李万里）

（2）药剂喷雾：掌握在越冬代小绿叶蝉成虫向大豆田迁入期及若虫孵化盛期进行防治。每亩可选用25%噻虫嗪水分散粒剂4~6 g，或240 g/L虫螨腈悬浮剂25~30 mL，或5%啶虫脒乳油20~40 mL，或5%高效氯氟氰菊酯水乳剂30~50 mL，或4.5%高效氯氰菊酯乳油30~60 mL，或25%丁醚脲悬浮剂160~240 mL等，对水40~60 kg，均匀喷雾。也可选用600 g/L吡虫啉悬浮剂8 000~10 000倍液，或150 g/L茚虫威乳油2 000~3 000倍液，或25 g/L溴氰菊酯乳油2 000~3 000倍液，或40%噻嗪酮悬浮剂1 500~2 000倍液，或40%辛硫磷乳油1 000~1 500倍液等，均匀喷雾，间隔7~10 d喷1次，连续防治2~3次。

第四部分　大豆主要病虫害全程绿色防控技术模式

　　大豆主要病虫害全程绿色防控技术模式是以大豆为主线，针对不同生育期发生的重大病虫害，综合应用植物检疫、农业措施、理化诱控、生态调控、生物防治和科学用药等技术措施，达到保护生物多样性，减少化学农药使用量，降低病虫害暴发概率的目的，促进大豆安全生产和标准化生产，提高其质量安全水平。

一、防控对象及防控策略

1.防控对象

　　（1）播种期：地下害虫、大豆孢囊线虫病、根腐病、立枯病、枯萎病等。

　　（2）苗期：大豆立枯病、病毒病、苗蚜、白粉虱、蓟马等。

　　（3）开花结荚期至鼓粒成熟期：霜霉病、紫斑病、黑斑病、炭疽病、菌核病、细菌性斑点病、甜菜夜蛾、棉铃虫、斜纹夜蛾、大豆食心虫、豆荚螟、造桥虫、豆天蛾、大豆卷叶螟等。

　　2.防控策略　贯彻"预防为主，综合防治"的植保方针和"科学植保、公共植保、绿色植保"新理念。严格执行植物检疫法规，综合运用农业措施、理化诱控、生态调控、生物防治等环境友好型技术措施，优化大豆田间生态系统，提高田间生态控害能力。科学使用高效、低风险农药和先进的植保机械，对重大病虫实施统防统治，促进大豆病虫害可持续治理，保障大豆生产安全、质量安全和生态环境安全。

二、技术路线

（一）播种期

　　1.植物检疫　严格执行植物检疫规定，禁止种植带菌种子。在外地调种时，第一个要掌握的就是产地的病虫害情况，严格检验有无检疫对象，凡是种子中混杂有检疫性有害生物的严禁调入或调出作种，尽可能避免从孢囊线虫病较重地区引调种子。

　　2.农业措施

　　（1）合理轮作换茬：对土传病害（根腐病、立枯病、疫病、枯萎病等）和以病残体越冬为主的病害（灰斑病、褐斑病、细菌性斑点病等）以及在土中越冬的害虫（豆叶东潜蝇、食心虫、豆荚螟等）通过三年轮作可减轻为害。当前推广的主要栽培模式是小麦—玉米—小麦—大豆连作，严禁重茬与迎茬。对发生大豆孢囊线虫病的地块，至少应进行3~5年的轮作。

（2）选用抗（耐）病虫高产优良品种：根据当地病虫发生种类和发生特点，因地制宜选用高产抗（耐）病虫优良品种；要选择无病地块或无病株及虫粒率低的留种，种子籽粒要饱满；留种时采用精选机统一精选，人工剔除虫食籽、褐斑粒、秕粒等，提高种子纯度，增强种子发芽力，促进苗齐苗壮。

以下是对不同病虫害抗性较好的大豆品种：

抗大豆病毒病，可选用合成75、铁豆43、希豆5号、商豆1310、濮豆857、泗春1240、皖豆21116、中黄37、苏豆18、晋豆34号、荷豆12、鲁豆13号等品种；

抗大豆疫病，可选用绥农15、绥农8号、吉林5号等品种；

抗大豆根腐病，可选用中黄13、荷豆12等品种；

抗大豆枯萎病，可选用皖豆28、中黄13、中黄51等品种；

抗大豆霜霉病，可选用荷豆12、鲁豆10号、鲁豆11号、鲁豆13号、吉育1003、吉育204、吉密豆3号等品种；

抗大豆灰斑病，可选用垦鉴332、合成75、巴211、绥农36、东升6号、蒙科豆5号、吉育259、吉育1003、吉密豆3号等品种；

抗大豆细菌斑点病，可选用丹豆4号、吉农1号、吉林30、合丰15、合丰18、黑农9号、黑河18和黑农25等品种；

抗大豆细菌性斑疹病，可选用苏鲜21、徐豆16、滁豆1号、六丰、黑农26、南农99-6、南农39、南农493-1等品种；

抗大豆孢囊线虫病，可选用中黄13、晋豆34号等品种；

抗豆蚜，可选用早生、国育100-4、安东福寿等品种；

抗大豆食心虫，可选用鲁豆13号、吉林16号、吉林1号、黑河3号、早生、铁荚青、铁荚豆等品种。

（3）科学播种：播前进行土壤耕作及耙压等（图1~图3），避免

图1　土壤深翻

图2　翻耕、镇压

在低洼、排水不良或土壤黏重地块种植大豆，做到适期、适量播种，合理密植。

（4）加强肥水管理：大豆有固氮作用，在增施充分腐熟的有机肥的同时，氮、磷、钾配用比例要合理，避免单施氮肥。对于墒情不好的地块，在具备灌溉条件时，可在播前1~2 d灌水一次，浸湿土壤，有利于播后种子发芽。

（5）清洁田园：结合耕翻整地，及时清理田内外残留的作物秸

图3　播种

秆、病残体及杂草、自生苗等病虫寄主，集中深埋或烧毁，人工捡拾消灭害虫，降低病虫基数。

3.生态调控

（1）间作套种：采用间作、套种以及立体栽培等措施，提高作物的多样性。如实行大豆与玉米等高秆作物间作，可以预防大豆病毒病；大豆与玉米按照8：2间作，对大豆蚜虫控制效果较好；大豆田套种油菜可有效增殖豆田天敌数量。

（2）种植诱集作物：在田间地头种植一些害虫喜欢取食的作物，

形成诱集带，引诱成虫产卵，然后集中杀灭（图4）。如在豆田边种植春玉米、高粱、留种洋葱、胡萝卜等作物形成诱集带，可诱集棉铃虫产卵；在田间地头以零星或条带式栽植斜纹夜蛾比较喜食的棉花、甘蓝、大葱、蓖麻、芋头等作物，引诱成虫产卵；在田间或畦沟边零星栽植一些大葱、红花、芝麻、谷子等地老虎喜食的蜜源植物或喜产卵

图4　种植诱集作物蓖麻

的作物，引诱成虫取食和产卵；在地边田埂种植蓖麻，毒杀取食的金龟子，或在地边、路旁种植少量杨树、榆树等矮小幼苗或灌木丛为诱集带，在金龟子发生期人工集中捕杀或施药毒杀。

4. 科学用药　播种时进行土壤处理（图5~图9）、种子拌种或包衣（图10、图11），减轻土传、种传病虫害后期发生基数。

（1）大豆根腐病：播种前，按种子重量选用4%~5%的30%多·福·克悬浮种衣剂，或1.7%~2%的13%甲霜·多菌灵悬浮种衣剂，或0.6%~0.8%的2.5%咯菌腈悬浮种衣剂，或1%~1.3%的35.5%阿维·多·福悬浮种衣剂进行种子包衣，或用2%宁南霉素水剂500 mL均匀拌50 kg种子，然后堆闷阴干即可播种。

图5　土壤处理，配制毒土

图6　土壤处理，犁地前撒施毒土

图7 土壤处理，撒施毒土后翻耕

图8 土壤处理，犁地后撒施毒土

图9 土壤处理，耙地混土

图10 大豆种子包衣

（2）大豆立枯病：播种前进行种子消毒或药剂拌种，可选用50%多菌灵可湿性粉剂，或50%甲基硫菌灵可湿性粉剂按种子重量0.5%~0.6%的用量拌种，或用70%噁霉灵种子处理干粉剂按种子重量的0.1%~0.2%拌种。

（3）大豆疫病：播种前用种子重量0.3%的35%甲霜灵种子处理干粉剂拌种，堆闷阴干后播种；或播种时沟施甲霜灵颗粒剂，可防止根部侵染。

图11 大豆种子包衣阴干

（4）大豆枯萎病：按种子重量选用 1.2%~1.5% 的 35% 多·福·克悬浮种衣剂，或 0.2%~0.3% 的 2.5% 咯菌腈悬浮种衣剂，或 1.3% 的 2% 宁南霉素水剂拌种。

（5）大豆炭疽病：播种前用种子重量 0.4% 的 50% 多菌灵可湿性粉剂，或 50% 异菌脲可湿性粉剂拌种，拌后闷种 3~4 h，也可用种子重量 0.3% 的 10% 福美·拌种灵悬浮种衣剂包衣。

（6）霜霉病：播种前用种子重量 0.3% 的 90% 三乙膦酸铝可溶粉剂，或 35% 甲霜灵种子处理干粉剂拌种。

（7）细菌性斑点病：播种前按种子重量 0.3% 的 50% 福美双可湿性粉剂，或 0.5%~1% 的 20% 噻菌铜悬浮剂进行拌种。

（8）大豆孢囊线虫病：

1）种子处理。播种前用 35% 甲基环硫磷乳油，或 35% 乙基环硫磷乳油按种子重量的 0.5% 拌种，或每 10 kg 种子用 35% 多菌灵·福美双·克百威悬浮种衣剂 60 g 包衣。

2）土壤处理。每亩可选用 0.5% 阿维菌素颗粒剂 2~3 kg，或 3% 克线磷颗粒剂 5 kg，拌适量干细土混匀，在播种时撒入播种沟内。

3）土壤消毒。播种前 15~20 d，亩用 98% 棉隆微粒剂 5~6 kg，深施在播种行沟底，覆土压平密闭 15 d 以上。为避免土壤受二次侵染，农家肥一定要在土壤消毒前施入。另外，因棉隆具有灭生性，所以生物药肥不能与之同时使用。

（9）地下害虫：

1）土壤处理。可用 50% 辛硫磷乳油每亩 200~250 mL，加水 10 倍，喷于 25~30 kg 细土中拌匀成毒土，顺垄条施，随即浅锄，能收到良好效果。

2）种子处理。拌种用的药剂主要有 50% 辛硫磷乳油，其用量一般为药剂：水：种子 = 1：（30~40）：（400~500），或用 30% 毒死蜱微囊悬浮剂按药剂：种子 = 1：50 拌种，以保护种子和幼苗。

3）沟施毒谷。每亩用 25% 辛硫磷胶囊剂 150~200 g 拌谷子等饵料 5 kg 左右，或 50% 辛硫磷乳油 50~100 g 拌饵料 3~4 kg 撒于种沟中。

5. 抗逆诱导技术 为进一步促进出苗、多长根、增加耐旱能力，可以用 ABT 生根粉（浓度为 $5 \times 10^{-6} \sim 10 \times 10^{-6}$）药液浸种 2 h，捞出晾干播种。另外，大豆生长所需的微量元素以钼、硼、锌等为主，钼是大豆根瘤氮酶的重要组成部分，是固氮菌生命活动的重要元素；硼能促进大豆根系生长，硼元素不足，影响大豆的根系发展，降低固氮能力。如种植的环境地处低洼或排水能力较差，会使锰元素严重缺失；在碱性土壤上容易导致锌不足，偏酸性土壤中钼元素常常丢失。因而在大豆种植中要注意微量元素的控制。最好在播种时微肥以种衣剂方式使用较好，如亩用钼酸铵 3.5 g，或锰、铜肥 0.1% 溶液拌种。也可用根瘤菌拌种，增产效果明显（图 12、图 13）。

图 12 大豆根瘤菌拌种

图 13 开沟播种

（二）苗期

1. 农业措施 加强苗期田间管理，及时中耕除草，防止土壤板结，增加土壤的渗透性；大雨后排水降湿，防止田间积水；遇干旱及时浇水，宜采用喷灌、滴灌等节水灌溉技术（图 14、图 15），减少大水漫灌，创造有利于大豆生长发育的田间生态环境，提高植株抗病虫能力（图 16）。

2. 理化诱控

（1）色板诱杀：在大豆蚜、白粉虱、小绿叶蝉、蓟马发生初期，根据其对不同颜色的趋性，在大豆田间插黄色黏板、蓝色黏板（图

图 14　节水灌溉（1）

图 15　节水灌溉（2）

图 16　大豆苗期生长情况

图 17　大豆田间放置黄色、蓝色黏板

17、图 18）、绿色黏板等。可购置规格为 24 cm×20 cm 的黄板、蓝板、绿板，也可以自制成大小为 30 cm×20 cm 的"黄板、蓝板、绿板"，上面涂上 10 号机油，悬挂于豆田行间，高于大豆植株 15~20 cm，每亩 20~30 片，当色板上黏虫面积达到板表面积的 60% 以上时更换或刷掉虫子重新涂油。

（2）银膜避蚜：在田间和四

图 18　大豆田间放置黄色黏板

图 19　喷杆喷雾机防治苗期病虫害　　　　图 20　喷杆喷雾机防治苗期病虫害

周覆盖或悬挂银灰色薄膜,可驱避蚜虫,预防病毒病。

3. 科学用药　对病毒病、立枯病、蚜虫等病虫,进行施药防治(图19、图20)。

(1)治苗蚜防病毒病:在有翅蚜迁飞前进行防治,喷洒40%乐果乳油1 000~2 000倍液,或2.5%溴氰菊酯乳油2 000~3 000倍液,或50%抗蚜威可湿性粉剂2 000倍液,或10%吡虫啉可湿性粉剂2 500倍液。

(2)病毒病:可选用0.5%氨基寡糖素水剂500倍液,或5%菌毒清水剂400倍液,或8%宁南霉素水剂800~1 000倍液,或0.5%几丁聚糖水剂200~400倍液,或0.5%菇类蛋白多糖水剂200~400倍液,或6%烯·羟·硫酸铜可湿性粉剂200~400倍液喷雾,连续使用2~3次,隔7~10 d喷1次。

(3)大豆立枯病:发病初期,喷洒70%乙磷·锰锌可湿性粉剂500倍液,或58%甲霜灵·锰锌可湿性粉剂500倍液,或64%杀毒矾可湿性粉剂500倍液,或18%甲霜胺·锰锌可湿性粉剂600倍液,或69%安克锰锌可湿性粉剂1 000倍液,10 d左右喷洒1次,连续防治2~3次。

4. 抗逆诱导技术　对于一些生长过旺的豆田,可以适量喷施多效唑、烯效唑等植物生长调节剂,控制植株高度,缩短节间长度,并可以促进分枝和花的形成。或喷洒叶面宝8 000~10 000倍液,或亩用亚硫酸氢钠 6 g，或 0.2% 硼砂溶液等叶面肥，促进植株生长发育，增强抗病虫能力。

（三）开花结荚期至鼓粒成熟期

开花结荚期要争取花早、花多、花齐，促增荚。要保控结合，高产田以控为主，避免大豆过早封垄郁闭，确保在开花末期叶面积达到最大为宜（图 21）。鼓粒期促进养分向籽粒中转移，促进籽粒饱满增重，此期缺水会使秕荚、秕粒增多，应适时浇水，防止干旱。大豆适收期为黄熟末期（图 22）。

图 21　大豆开花结荚期生长情况　　　图 22　大豆鼓粒成熟期生长情况

1. 农业措施

（1）加强田间管理：遇干旱及时浇水，大雨后排水降湿，防止田间积水；及时合理追肥。

（2）清洁田园：及时摘除病虫为害的叶片、豆荚或清除病虫株、杂草，集中深埋销毁处理；结合耕作管理，人工抹卵，捡拾、捕捉害虫，集中消灭。

2. 理化诱控

（1）灯光诱杀：成虫发生期，利用成虫较强的趋光性，集中连片应用频振式杀虫灯、450 W 高压汞灯、20 W 黑光灯诱杀豆天蛾、造桥虫、甜菜夜蛾、斜纹夜蛾、地老虎、棉铃虫、蛴螬等成虫。每 30~50 亩安装一盏灯，悬挂高度 1.5~2 m，一般 6 月中旬开始开灯，9 月下旬撤灯，每日开灯时间为 19 时至次日凌晨 5 时。

（2）性诱剂诱杀：在甜菜夜蛾、斜纹夜蛾、棉铃虫、地老虎等害虫成虫羽化初期，根据田间优势种群不同，放置相应种类昆虫的性信息素诱芯诱捕成虫。每个诱捕器装一个诱芯，每亩放置 1~2 枚，间隔 30~50 m，呈外密内疏放置。诱捕器放置高度为诱捕器下沿离地面 0.5~1 m。根据产品性能，需定期更换诱芯。

（3）糖醋液诱杀：在成虫发生期配置糖醋液诱杀成虫。将红糖、醋、高度白酒、水和胃毒杀虫剂等，按一定比例配制成糖醋液（糖：醋：酒：水 = 3：4：1：2，或 6：3：1：10，加 1 份或少量 80% 敌百虫可溶粉剂等杀虫剂调匀），倒入盆子等广口容器内，放置到田间或地边的支架上，高出大豆植株顶部 30~50 cm，每亩放置 3~5 个，可诱杀金龟子、地老虎等地下害虫及甜菜夜蛾、豆秆黑潜蝇等。

（4）食饵诱杀：在害虫羽化始盛期，利用夜蛾利它素饵剂等昆虫食诱剂或毒饵、发酵变酸的食物等诱杀取食补充营养的害虫成虫。将食诱剂、杀虫剂与水按一定比例混匀，倒入盘形容器内，放入田间或周边，或者喷洒到植株叶片上，可诱杀棉铃虫、银纹夜蛾、甜菜夜蛾及金龟子等害虫。

（5）枝把诱杀：棉铃虫、地老虎、斜纹夜蛾、小造桥虫等害虫成虫羽化期，将长 50~70 cm、直径约 1 cm 的半枯萎带叶的杨树枝、柳树枝、玉米茎叶等，每 5~10 枝捆成一把，上紧下松呈伞形，傍晚插摆在田间，高出大豆植株顶部 20~30 cm，每亩 10~15 把，每日清晨日出前集中捕杀隐藏其中的成虫。在枝把叶片上喷蘸适量杀虫剂，可提高诱杀效果。

（6）人工捕杀：结合农事操作管理，人工捕捉金龟子，抹杀甜菜夜蛾卵块等。

3. 生物防治

（1）保护利用天敌：豆田害虫各类寄生性天敌、捕食性天敌较多。豆天蛾有赤眼蜂、寄生蝇、草蛉、瓢虫等天敌；小造桥虫有绒茧蜂、悬姬蜂、赤眼蜂、草蛉、胡蜂、小花蝽、瓢虫等天敌；甜菜夜蛾天敌主要有草蛉、猎蝽、蜘蛛、步甲等；棉铃虫寄生性天敌主要有姬蜂、茧蜂、赤眼蜂、真菌、病毒等，捕食性天敌主要有瓢虫、草蛉、捕食蝽、胡蜂、蜘蛛等；斜纹夜蛾自然天敌主要有草蛉、猎蝽、蜘蛛、步甲等。

要注意保护利用自然天敌的控制作用，不达到防治指标不用药。施用化学农药时要尽量选用高效、低毒、低残留、选择性强、对天敌安全的药剂品种和隐蔽施药方法。

（2）释放赤眼蜂：在大豆食心虫、棉铃虫、豆荚螟等害虫产卵初期至卵盛期，释放赤眼蜂，每亩1.2万～2万头，每亩设置3～5个释放点，分两次统一释放。

（3）生物制剂防治：

1）防治豆天蛾。用杀螟杆菌或青虫菌（每克含孢子量80亿～100亿）500～700倍液，每亩用菌液50 kg。

2）防治大造桥虫。选用青虫菌或杀螟杆菌（每克含100亿孢子）1 000～1 500倍液喷雾。

3）防治甜菜夜蛾：在卵孵化盛期至低龄幼虫期，亩用5亿PIB/g甜菜夜蛾核型多角体病毒悬浮剂120～160 mL，或16 000 IU/mg苏云金杆菌可湿性粉剂50～100 g对水喷雾。

4）防治棉铃虫。卵始盛期，每亩16 000 IU/mg苏云金杆菌可湿性粉剂100～150 mL，或10亿PIB/g棉铃虫核型多角体病毒可湿性粉剂80～100g，对水40 kg喷雾。

5）防治大豆食心虫。在老熟幼虫入土前，每亩用白僵菌粉1.5 kg拌细土或草木灰13kg，均匀撒在豆田垄台上，防治脱荚幼虫。

6）防治斜纹夜蛾。卵孵化盛期至低龄幼虫期，亩用10亿PIB/g

图23　豆田常用农药

斜纹夜蛾核型多角体病毒可湿性粉剂 40~50 g 对水喷雾，或 100 亿孢子 / mL 短稳杆菌悬浮剂 800~1 000 倍液喷雾。

4. 科学用药　根据病虫害发生种类与发生时间，选用适宜药剂与方法进行防治。做到适期、适量、对症用药，合理轮换、混配用药，选用生物农药、高效低毒低残留的环保型农药（图23），严格遵守农药安全使用间隔期规定。同时防治时要选择专业化的防治组织，使用植保无人机、自走式喷杆喷雾机、烟雾机等高效的新型精准施药器械进行专业化统防统治，以减少农药使用量，提高防治效果和防治效率（图24~图29）。

图24　植保无人机

图25　烟雾机

图26　专业化统防统治现场

（1）防治细菌性斑点病：发病初期喷洒 30% 碱式硫酸铜悬浮剂 400 倍液，或 72% 新植霉素 3 000~4 000 倍液，或 30% 琥胶肥酸铜悬浮剂 500 倍液，或 20% 噻菌铜悬浮剂 500 倍液，或 15% 络氨铜水剂 500 倍液。

（2）防治紫斑病：开花始期、蕾期、结荚期、嫩荚期各喷 1 次 30% 碱式硫酸铜悬浮剂 400 倍液，或 50% 多·霉威可湿性粉剂 1 000

图27　无人机防治现场

图28　自走式喷杆喷雾机防治现场

图29　烟雾机防治现场

倍液，或80%乙蒜素乳油1 000~1 500倍液，或50%苯菌灵可湿性粉剂1 500倍液，或36%甲基硫菌灵悬浮剂500倍液。

（3）防治黑斑病：发病严重的地块，在发病初期选用75%百菌清可湿性粉剂600倍液，或58%甲霜·锰锌可湿性粉剂500倍液，或25%丙环唑乳油2 000~3 000倍液，或3%多抗霉素可湿性粉剂1 000~2 000倍液，或64%霜·锰锌可湿性粉剂500倍液均匀喷雾。

（4）防治炭疽病：在大豆开花后，可选用75%百菌清可湿性粉剂800倍液，或50%多菌灵可湿性粉剂600倍液，或25%溴菌腈可湿性粉剂500倍液，或47%春雷·王铜可湿性粉剂600倍液，或50%咪鲜胺可湿性粉剂1 000倍液。

（5）防治霜霉病：发病初期可喷洒40%百菌清悬浮剂600倍液，或25%甲霜灵可湿性粉剂800倍液，或58%甲霜·锰锌可湿性粉剂600倍液。对上述杀菌剂产生抗药性的地区，可改用69%烯酰·锰锌可湿性粉剂900~1 000倍液，或50%嘧菌酯水分散粒剂2 000~2 500倍液。

（6）防治豆天蛾：于幼虫3龄前喷药防治，可选用90%晶体敌百虫800~1 000倍液，或45%马拉硫磷乳油1 000~1 500倍液，或5%丁烯氟虫腈悬浮剂3 000倍液，或20%杀灭菊酯乳油2 000倍液，或16 000 IU/mg苏云金杆菌可湿性粉剂300~500倍液，均匀喷雾。

（7）防治大豆食心虫：8月上中旬成虫初盛期，每亩用80%敌敌畏乳油100 ~150 mL，将高粱秆或玉米秆切成20 cm长，吸足药液制成药棒40~50根，均匀插于垄台上，熏蒸防治成虫，但大豆与高粱间种时不宜采用。在卵孵化盛期，用2.5%高效氯氟氰菊酯乳油1 500倍液，或30%甲氰·氧乐果乳油2 000倍液，或亩用50%氯氰·毒死蜱乳油60~100 g，或2.5%溴氰菊酯乳油15~20 g，对水40~50 kg，喷雾防治。

（8）防治豆荚螟：成虫盛发期和卵孵化盛期，可亩用20%氯虫苯甲酰胺悬浮剂10 mL，对水40~50 kg喷雾，或选用90%晶体敌百虫800~1 000倍液，或50%杀螟硫磷乳油1 000倍液，或2.5%溴氰菊酯乳油3 000倍液，或20%氰戊菊酯乳油2 000~3 000倍液喷雾。

（9）防治造桥虫：在幼虫3龄前，选用80%敌敌畏乳油

1 000~1 500 倍液，或 5% 锐劲特悬浮剂 1 500 倍液，或 2.5% 溴氰菊酯乳油 3 000 倍液，或 5% 高效氯氰菊酯乳油 2 000 倍液，或 5% 氟虫脲可分散液剂 1 500 倍液喷雾。

（10）防治甜菜夜蛾：1~3 龄幼虫高峰期，用 20% 灭幼脲悬浮剂 800 倍液，或 5% 氟铃脲乳油 3 000 倍液，或 5% 氟虫脲分散剂 3 000 倍液喷雾。

（11）防治棉铃虫：幼虫 3 龄前选用 50% 辛硫磷乳油 1 000~1 500 倍液，或 40% 毒死蜱乳油 1 000~1 500 倍液，或 4.5% 高效氯氰菊酯乳油 2 500~3 000 倍液，或 2.5% 溴氰菊酯乳油 2 500~3 000 倍液均匀喷雾。

（12）防治斜纹夜蛾：卵孵化盛期至低龄幼虫期，用 2.5% 溴氰菊酯乳油 2 000~3 000 倍液，或 48% 毒死蜱乳油 1 000 倍液，或 20% 灭幼脲悬浮剂 800 倍液，或 1% 苦皮藤素水乳剂 800~1 000 倍液，或 1.8% 阿维菌素乳油 1 000 倍液均匀喷雾。

（四）收获期

大豆收获后，及时清除田间遗留的病虫残体，并带出田外集中烧毁，深埋；尽量深耕深翻土壤，将表土残留的病虫翻入土壤深层，减少越冬病虫基数。

第五部分　大豆田常用高效植保机械

一、地面施药器械

（一）常用施药器械产品性能及主要技术参数

1.3WSH-500 自走式喷杆喷雾机（图 1）

【性能特点】

（1）大功率、多缸水冷柴油发动机，具有体积小、重量轻、易维护、使用成本低等特性。

（2）加长车体、拓宽轮距、重心下移，增强作业时的稳定性及爬坡幅度。

（3）耐磨实心轮胎、全封闭脱泥板、1 100 mm 地隙高度、可调分垄器，不但减少了在泥田、湿地等环境下对作物的压损，而且实现了作物中后期病虫害快速防治作业。

（4）自吸加水、自动调整喷杆、四轮平衡驱动、四轮液压转向、前后轮迹同轨，单机单人轻松操作，适合于专业化统防统治组织以及规模化农场农作物病虫害防治。

（5）喷头具有防滴性能。

（6）在额定工作压力时，喷杆上各喷头的喷雾量分布均匀性变异系数小于 15%。

（7）在额定工作压力时，沿喷杆喷雾量分布均匀性变异系数小于 20%。

（8）药箱搅拌器搅拌均匀性变异系数小于 15%。

（9）可选配充气轮胎、实心轮胎。

【主要技术参数】 整机结构：前置发动机，中置驾驶，后置药箱；药箱：500 L 滚塑材质；发动机：23ps 直列三缸水冷柴油机；驱动方式：四轮驱动，带差速锁；离地间隙：1 000 mm；轮距：1 500 mm；轮胎：充气轮胎、实心橡胶轮胎；液泵：三缸柱塞泵；喷杆：喷杆前置，高强度铝合支撑杆架，快速电机喷杆伸展，新型电推杆升降，升降高度 450~1 700 mm；喷幅：12 m；转向形式：四轮转向；喷头数量：22 个，防滴漏喷头，进口扇形喷嘴；喷头流量（单个）：0.76~1.02 L/min；液泵形式：柱塞泵，压力 0.8~1.2 MPa；液泵流量：126 L/min，带自吸水功能；最佳作业速度：3~8 km/h；效率：60~100 亩/h；最快行驶速度：18 km/h；倾斜及爬坡：小于 30°；作业下陷值：小于或等于 40 cm 正常行驶作业。

图 1　3WSH-500 自走式喷杆喷雾机

2. 3WP-2600G 自走式四轮高地隙喷杆喷雾机（图 2）

【性能特点】

（1）配备四轮驱动并带防滑，动力强劲；门框式整机结构，减少对作物的碾压。

（2）2 800 mm 超高地隙，可满足小麦、玉米、大豆、花生、露地蔬菜等农作物施药需求。

（3）3 种模式转向系统，灵活高效。

（4）配备精准施药系统，满足高精度施药，进口喷头，雾化均匀，具有防滴性能。

（5）风幕式气流辅助防飘移喷雾系统：抗风能力增强，减少农药飘移及损失，增大了雾滴的沉积和穿透力，提高农药利用率；风幕的风力可使雾滴进行二次雾化，并在气流的作用下吹向作物；气流对作物枝叶有翻动作用，有利于雾滴在叶丛中穿透及在叶背、叶面上均匀附着。

（6）在额定工作压力时，喷杆上各喷头的喷雾量分布均匀性变异系数小于 15%。

（7）在额定工作压力时，沿喷杆喷雾量分布均匀性变异系数小于 20%。

（8）药箱搅拌器搅拌均匀性变异系数小于 15%。

（9）驾驶室内带有空调，驾驶室、整机、喷杆均配有减震装置，工作更加舒适，降低劳动强度。

【主要技术参数】 药箱容积：2 600 L，分布于整机两侧，整体滚塑；搅拌方式：回水搅拌、射流搅拌；离地间隙：2 800 mm；最大作业速度：≥ 8 km/h；轮距：2 200~3 300 mm（液压无极调整）；配套动力：四缸水冷柴油机，160 HP（匹，非法定计量单位，表示制冷量，1 HP ≈ 2324 W）；驱动：静液压四轮驱动带防滑系统；转向：全液压转向系统，两轮、四轮、蟹型转向；液泵：隔膜泵，流量 ≥ 278 L/min；喷杆：液压伸缩喷杆，可以分节折叠，工作幅宽 ≥ 27 m，可调范围 400~3 100 mm；喷头：配 3 喷头喷头体，配有 03 型号防飘移喷嘴和标准扇形 02 型号、03 型号喷嘴，喷头数量为 48 个；驾驶室可升降 600~800 mm、钢结构、密封驾驶室，空调；喷头流量（单个）：0.8 L/min；最佳作业速度：3~8 km/h。效率：200 亩/h；最快行驶速度：28 km/h。

图 2 3WP-2600G 自走式四轮高地隙喷杆喷雾机

3. 3WX-1000G 自走式喷杆喷雾机

【性能特点】

（1）全液压行走、转向，操作省力。

（2）根据用户需求可以选配两轮或四轮驱动，配置后轮减振和前桥摆动，可以在崎岖不平的田地间畅通无阻。

（3）超高地隙，更好地适应了特殊而复杂种植模式的需求。

（4）整体采用门框式结构，作业时只有两行在作物间穿行，减小了对作物行距的要求；穿行结构轴距短、通过性好，可以适应小的行距作物。

（5）进口喷嘴，雾化均匀，减少农药使用量，降低农药残留，采用三喷头体的喷头，同时配有3种不同喷嘴，可以适应多种喷洒要求。

（6）配置变量喷雾控制系统，实时显示作业速度、工作压力、单位面积施药量、已作业面积等参数；可按照设定的单位面积施药量精准喷洒农药。

（7）进口隔膜泵，流量稳定，寿命长。

（8）采用射流搅拌结合回水搅拌，确保药液搅拌均匀。

（9）先进的电液结合控制技术，在驾驶室内即可完成喷杆的展开、折叠、升、降、左右平衡和喷雾开关，一人即可完成所有作业需求。

【主要技术参数】 整机净重：3 750 kg；药箱容量：1 000 L；喷幅：16 m；轮距：2 150~2 650 mm；最小离地间隙：2 400 mm；驱动方式：液压后驱/四驱；转向方式：前轮转向；配套动力：65 kW；工作压力：0.2~0.4 MPa；搅拌方式：射流结合回水搅拌；液泵流量：124.7 L/min；喷头种类：进口扇形喷头；喷头数量：32个；喷头流量（单个）：0.96~1.36 L/min；工作效率：≤170 亩/h；行驶速度：≤17 km/h。

4. 3WPZ-700A 自走式喷杆喷雾机

【性能特点】

（1）喷杆折叠、升降采用液压控制，性能稳定。

（2）四轮转向与两轮转向快速切换，高效便捷，压苗少；配备矫正系统，可实现快速调直。

（3）独特挂挡装置，便于操作。

（4）沿袭装载机车架和液压系统设计，抗破坏力强，经久耐用。

（5）进口喷嘴，雾化均匀，减少农药使用量，降低农药残留，采用三喷头体的喷头，同时配有3种不同喷嘴，可以适应多种农艺喷洒要求。

（6）进口隔膜泵，流量稳定，寿命长。

【主要技术参数】　整机净重：1 780 kg；药箱容量：700 L；喷幅：12 m；轮距：1 520 mm，可调；最小离地间隙：1 050 mm；驱动方式：四轮驱动；转向方式：四轮转向，可一键切换两轮转向，后轮可电动调直；配套动力：36.8 kW；工作压力：0.2~0.4 MPa；搅拌方式：射流搅拌；液泵形式：隔膜泵；液泵流量：65.5~70.5 L/min；喷头种类：进口扇形喷头；喷头数量：23 个；喷头流量（单个）：0.96~1.36 L/min；工作效率：54~200 亩/h；行驶速度：≤ 17 km/h。

5. 3WP-600GA 自走式喷杆喷雾机

【性能特点】

（1）采用 50 ps（马力，非法定计量单位。1 PS=735.5 W）发动机，动力强劲，四轮驱动，机器的适应性能强。

（2）采用全液压转向机构，使用方便，降低驾驶人员的劳动强度。

（3）可加装精准施药系统，减少农药使用量，提高农药利用率。

（4）配备防滴漏扇形喷头，具有喷洒均匀、效率高、省水省药特点。

（5）在额定工作压力时，喷杆上各喷头的喷雾量分布均匀性变异系数小于 15%。

（6）在额定工作压力时，沿喷杆喷雾量分布均匀性变异系数小于 20%。

（7）药箱搅拌器搅拌均匀性变异系数小于 15%。

（8）该机具有离地间隙高、适用范围广、喷头离地间隙调整范围广等优点。

（9）喷杆可选前置、后置两种，满足不同种植模式下的作业需求。

【主要技术参数】　配套动力：三缸四冲程水冷柴油发动机，标定功率 ≥ 50 ps；过滤等级：3 级；液泵工作压力：2~3 MPa；液泵总流量：80 L/min；驱动方式：四轮转向，四轮驱动，前后同轨；喷幅：12 m；药箱容积：600 L；喷杆形式：喷杆前置，自动升降，带防碰撞保护装置，喷杆调整幅度 0.5~1.5 m；轮距：1.5 m；地隙高度：110 cm；轮胎：充气轮胎；喷头数量：24 个；喷头流量（单个）：1.2 L/min；作业效率：≥ 80 亩/h；最快行驶速度：25 km/h；附加功能：撒肥、精准施药、GPS 定位；驾驶棚：半封闭钢化玻璃驾驶棚。

6. 3WPZ-1000 水旱两用喷杆喷雾机

【性能特点】

（1）大功率、多缸水冷柴油发动机，具有体积小、重量轻、易维护、使用成本低等性能。

（2）加长车体、拓宽轮距、重心下移，增强了作业时的稳定性及爬坡幅度。

（3）减振充气轮胎、全封闭脱泥板、1 150 mm 地隙高度、可调分垄器，不但减少了在泥田、湿地等环境下对作物的压损，而且实现了作物中后期病虫害快速防治作业。

（4）喷头具有防滴性能。

（5）在额定工作压力时，喷杆上各喷头的喷雾量分布均匀性变异系数小于 15%。

（6）在额定工作压力时，沿喷杆喷雾量分布均匀性变异系数小于 20%。

（7）药箱搅拌器搅拌均匀性变异系数小于 15%。

（8）自吸加水、自动调整喷杆、四轮平衡驱动、四轮液压转向、前后轮迹同轨、单机单人轻松操作，适合于专业化统防统治组织以及规模化农场农作物病虫害防治。

【主要技术参数】 整机结构：前置驾驶，中置药箱，后置发动机；药箱：1 000 L；发动机：50 ps；驱动方式：四驱；离地间隙：1 150 mm；轮距：2 300 mm；轮胎：充气式；喷杆后置，高强度焊接，全液压伸展及升降；喷头离地高度 450~1 700 mm；喷幅：18 m；转向形式：四轮转向；喷头数量：35 个；喷头流量（单个）：0.76~1.52 L/min；液泵流量：53.2 L/min，带自吸水功能；效率：90~150 亩/h；最快行驶速度：18 km/h；倾斜及爬坡：小于 30°；作业下陷值：小于或等于 30 cm，正常行驶作业。

7. WS-25DG 背负式电动喷杆喷雾器

【性能特点】

（1）喷杆使用铝制喷杆，重量轻，强度高，喷头高度可调节（离地距离 0.5~2.3 m）。

（2）机器可方便拆装。

（3）工作效率高，喷幅 6 m，每天可作业 100 亩。

（4）作业时间长，充满电可连续作业 4 h。

（5）采用 8 个进口喷头，雾化效果好，作业效率高。

【主要技术参数】 整机重量：10 kg；喷杆材料：铝杆；额定容量：25 L；工作压力：0.2~0.45 MPa；额定电压：12V12AH 锂电池；双联泵：直流电 12 V，3.5~4 A；连续工作时间：4 h 左右；喷头数量：8 个；喷幅宽度（喷头距地高度 0.6 m，室内无风状态）：6 m；一桶水喷洒面积：3.5 亩；作业效率：约 4 min/亩。

（二）常用地面施药器械使用注意事项

（1）作业前一定要确认各零部件是否已准确组装，检查各螺栓、螺母是否松动；打开管路总开关和分路开关进行调压，压力不能超过 0.4 MPa；每次作业完毕，将压力调节归零。

（2）田间作业时使用合理速度，切勿超速作业，通过水沟和田垄时减速通过，作业时注意各种障碍物，防止撞坏喷杆，严禁高速行驶。

（3）工作压力不可调得过高，防止胶管爆裂。

（4）操作机器时，手指不要伸入喷杆折叠处，避免发生意外伤害。

（5）风速超过 3 级、气温超过 30℃等，不宜作业使用。

（6）若出现喷头堵塞，应停机卸下喷嘴，用软质专用刷子清理杂物，切忌用铁丝、螺丝刀等强行处理，以免影响喷雾均匀度和喷头寿命。

（7）配药时使用的水要洁净，如河水等自然水源要经过沉淀过滤等处理后使用。

（8）不允许在药箱内直接配药；更换不同类型药剂，需进行彻底清洗。

（9）正常作业时，喷头和作物高度保持 50 cm 距离（也可以根据农艺要求来定）。

（10）每季作业后清洗药箱及管路，并将隔膜泵清洗后加入防冻液，于干燥温暖房间存放。

二、植保无人机

（一）常用植保无人机产品性能及主要技术参数

1. P30RTK 电动四旋翼植保无人机（图3）

【性能特点】 可夜间作业、秒启停、断点续喷、作业轨迹监管、作业面积监管、作业区域管理、无人机远程锁定。

图3　P30RTK电动四旋翼植保无人机

【主要技术参数】 标准起飞重量：37.5 kg；最大载药量：15 kg；有效喷幅：3.5 m；喷头：4个离心雾化喷头；雾化粒径：85~140 μm；适应剂型：水剂、乳油、粉剂；最大作业速度：8 m/s（风速2~3级）；作业效率：80 亩/h；单次飞行最大面积：30 亩；相对飞行高度：距离农作物蓬面1.5~3 m；满载飞行时间：12 min；电机类型：无刷电机；电机驱动：FOC驱动；电机寿命：≥ 200 h；定位方式：GNSS RTK；飞控型号：SUPERX 3 RTK；遥控系统：地面站系统。

2. 3WQFTX-10 1S 智能悬浮植保机（图 4）

【性能特点】

（1）柔性喷洒机构，在田间地头复杂情况下转场不易损坏，而在作业时又不失结构刚性，能较好地保证喷洒效果。

（2）内藏式电池固定方式，使整机结构更紧凑，满载和空载的重心变化较小，更有利于飞行，并且喷洒效果更理想。

（3）优化的整机结构使结构强度更大，进一步减少意外发生时的损失。

图 4　3WQFTX-10 1S 智能悬浮植保机

（4）外壳涂装彩画，远距离视觉好，增加可操作性。

【主要技术参数】　标准起飞重量：25.5 kg；容积：9 L；标准作业载荷：9 kg；喷头型号：120–015（流量：0.54 L/min）；数量：4 个；最大作业飞行速度：6 m/s（风速 2~3 级）；作业效率：1~1.2 亩/min；日作业面积：350~400 亩；单架次作业面积：11~12 亩；悬停时间：5~6 min；相对飞行高度：距离农作物蓬面 1.5~2 m；喷幅：4~5 m（高度不同及逆风或顺风有所变化，风速 2~3 级）；测距精度：0.2 m；高度测量范围：0.5~10 m；定高范围：0.5~10 m；避障系统：可感知范围：3~5 m；定位系统：单点 GPS 和 RTK 可选。

3. 3WQF120-12 型智能悬浮植保无人机（图 5）

【性能特点】　喷幅大，作业效率高，作业效果好，不用充电，加油即飞。

【主要技术参数】　标准起飞重量：40 kg；容积：12 L；标准作业载荷：12 kg；喷头型号：02 、015（流量：1.44~1.89 L/min）；数量：3 个；最大作业飞行速度：8 m/s（风速 2~3 级）；作业效率：1~1.5 亩/

图 5　3WQF120-12 型智能悬浮植保无人机

min；日作业面积：400~500 亩；单架次作业面积：10~15 亩；悬停时间：30 min；相对飞行高度：距离农作物蓬面 1~3 m；喷幅：4~6 m（风速 2~3 级）；测距精度：0.5 m；高度测量范围：1~10 m；定高范围：1~10 m；避障系统可感知范围：0~30 m；定位系统：单点 GPS 和 RTK 可选。

4. M45 型农用无人机（图 6）

【**性能特点**】 体积小、自重轻、易转场，喷幅可调，支持夜间作业，全自主飞行，可用于喷雾、喷粉、撒颗粒，具有低药、低电、低信号保护功能，实时药液监测，变量喷洒、断点续喷、RTK 精准定位，支持仿地飞行、远程实时作业管理。

【**主要技术参数**】 最大起飞重量：47 kg；容积：20 L；标准作业载荷：20 kg；喷头型号：压力喷头 4 个；最大作业飞行速度：6 m/s（风速 2~3 级）；日作业面积：400~500 亩；单架次作业面积：20~30 亩；单架次作业时间：7~11 min；相对飞行高度：距离农作物蓬面 2~5 m；喷幅：6~8 m（风速 2~3

图 6　M45 型农用无人机

级）；整机喷雾量：1.8~2.6 L/min。

（二）常用植保无人机使用注意事项

（1）飞行前要对机器进行全面的检查，检查飞机和遥控器的电池电量是否充足。

（2）飞行前检查风力风向，注意药剂类型和周边环境，确保无敏感作物和对其他生物无影响再进行作业。

（3）飞行时要远离人群，不允许田间有人时作业；作业时的起降应远离障碍物 5 m 以上；10×10^4 V 及以上的高压变电站、高压线 100 m 范围内禁止飞行作业。

（4）严禁在雨天或有闪电的天气下飞行；当自然风速 ≥ 5 m/s 时，应停止植保作业或采取必要的飞行安全措施和防雾滴飘移措施；下雨天气或预计未来 2~3 h 降雨天气不可施药。

（5）一定要保持飞机在自己的视线范围内飞行。

（6）同一区域有两架或两架以上的无人机作业时，应保持 10 m 以上的安全作业距离；操控员应站在上风处和背对阳光进行操控作业。

（7）随时注意观察喷头喷雾状态，发现有堵塞的情况要及时更换，并将更换下来的喷头浸泡在清水中，以免凝结。

（8）喷洒杀虫剂和杀菌剂时，每亩施药液量不应小于 1 L；喷洒除草剂时每亩施药液量应在 2 L 以上。

（9）为避免水分蒸发，药液飘移，须混配专用抗飘移、抗蒸发的飞防助剂，混匀后施药保证药效稳定发挥。

（10）作业后及时清理药箱和滤网，施用不同药液需彻底清洗药箱。